从零开始学技术—建筑装饰装修工程系列

涂裱工

周　胜　主编

中国铁道出版社

2012年·北　京

内容提要

本书是按住房和城乡建设部、劳动和社会保障部发布的《职业技能标准》和《职业技能岗位鉴定规范》的内容，结合农民工实际情况，将农民工的理论知识和技能知识编成知识点的形式列出，系统地介绍了涂裱工的常用技能，内容包括涂饰工程施工技术、裱糊和软包工程施工技术、涂裱工安全操作规程等。本书技术内容先进、实用性强，文字通俗易懂，语言生动，并辅以大量直观的图表，能满足不同文化层次的技术工人和读者的需要。

本书可作为建筑业农民工职业技能培训教材，也可供建筑工人自学以及高职、中职学生参考使用。

图书在版编目(CIP)数据

涂裱工/周胜主编. —北京：中国铁道出版社，2012.6
(从零开始学技术. 建筑装饰装修工程系列)
ISBN 978-7-113-13510-2

Ⅰ.①涂… Ⅱ.①周… Ⅲ.①工程装修—涂漆 ②工程装修—裱糊工程 Ⅳ.①TU767

中国版本图书馆 CIP 数据核字(2011)第 178396 号

书　　名：从零开始学技术—建筑装饰装修工程系列
涂　裱　工
作　　者：周　胜

策划编辑：江新锡
责任编辑：曹艳芳　　电话：010－51873017
封面设计：郑春鹏
责任校对：孙　玫
责任印制：郭向伟

出版发行：中国铁道出版社(100054，北京市西城区右安门西街 8 号)
网　　址：http://www.tdpress.com
印　　刷：北京市燕鑫印刷有限公司
版　　次：2012 年 6 月第 1 版　2012 年 6 月第 1 次印刷
开　　本：850mm×1168mm　1/32　印张：3.875　字数：93 千
书　　号：ISBN 978-7-113-13510-2
定　　价：11.00 元

从零开始学技术丛书
编写委员会

前　言

随着我国经济建设飞速发展，城乡建设规模日益扩大，建筑施工队伍不断增加，建筑工程基层施工人员肩负着重要的施工职责，是他们依据图纸上的建筑线条和数据，一砖一瓦地建成实实在在的建筑空间，他们技术水平的高低，直接关系到工程项目施工的质量和效率，关系到建筑物的经济和社会效益，关系到使用者的生命和财产安全，关系到企业的信誉、前途和发展。

建筑业是吸纳农村劳动力转移就业的主要行业，是农民工的用工主体，也是示范工程的实施主体。按照党中央和国务院的部署，要加大农民工的培训力度。通过开展示范工程，让企业和农民工成为最直接的受益者。

丛书结合原建设部、劳动和社会保障部发布的《职业技能标准》和《职业技能岗位鉴定规范》，以实现全面提高建设领域职工队伍整体素质，加快培养具有熟练操作技能的技术工人，尤其是加快提高建筑业基层施工人员职业技能水平，保证建筑工程质量和安全，促进广大基层施工人员就业为目标，按照国家职业资格等级划分要求，结合农民工实际情况，具体以“职业资格五级（初级工）”、“职业资格四级（中级工）”和“职业资格三级（高级工）”为重点而编写，是专为建筑业基层施工人员“量身订制”的一套培训教材。

同时，本套教材不仅涵盖了先进、成熟、实用的建筑工程施工技术，还包括了现代新材料、新技术、新工艺和环境、职业健康安全、节能环保等方面的知识，力求做到技术内容先进、实用，文字通俗易懂，语言生动，并辅以大量直观的图表，能满足不同文化层次的技术工人和读者的需要。

本丛书在编写上充分考虑了施工人员的知识需求，形象具体地阐述施工的要点及基本方法，以使读者从理论知识和技能知识两方面掌握关键点。全面介绍了施工人员在施工现场所应具备的技术及其操作岗位的基本要求,使刚入行的施工人员与上岗“零距离”接口,尽快入门,尽快地从一个新手转变成为一个技术高手。

从零开始学技术丛书共分三大系列,包括:土建工程、建筑安装工程、建筑装饰装修工程。

土建工程系列包括:

《测量放线工》、《架子工》、《混凝土工》、《钢筋工》、《油漆工》、《砌筑工》、《建筑电工》、《防水工》、《木工》、《抹灰工》、《中小型建筑机械操作工》。

建筑安装工程系列包括:

《电焊工》、《工程电气设备安装调试工》、《管道工》、《安装起重工》、《通风工》。

建筑装饰装修工程系列包括:

《镶贴工》、《装饰装修木工》、《金属工》、《涂裱工》、《幕墙制作工》、《幕墙安装工》。

本丛书编写特点:

(1)丛书内容以读者的理论知识和技能知识为主线,通过将理论知识和技能知识分篇,再将知识点按照【技能要点】的编写手法,读者将能够清楚、明了地掌握所需要的知识点,操作技能有所提高。

(2)以图表形式为主。丛书文字内容尽量以表格形式表现为主,内容简洁、明了,便于读者掌握。书中附有读者应知应会的图形内容。

编者

2012 年 3 月

目　录

第一章　涂饰工程施工技术 ………………………………………… (1)

第一节　基层处理技术 ………………………………………… (1)

【技能要点 1】木材表面基底处理 ……………………………… (1)

【技能要点 2】金属表面基底处理 ……………………………… (1)

【技能要点 3】旧基层处理 ……………………………………… (4)

【技能要点 4】其他基层处理 …………………………………… (7)

第二节　涂料调配技术 ………………………………………… (13)

【技能要点 1】调配涂料颜色 …………………………………… (13)

【技能要点 2】着色剂调配 ……………………………………… (16)

【技能要点 3】腻子调配 ………………………………………… (19)

【技能要点 4】大白浆、石灰浆和虫胶漆调配 ………………… (22)

【技能要点 5】胶黏剂调配 ……………………………………… (23)

第三节　油漆施工技术 ………………………………………… (23)

【技能要点 1】传统油漆施涂技术 ……………………………… (23)

【技能要点 2】硝基清漆施涂 …………………………………… (33)

【技能要点 3】各色聚氨酯磁漆施涂 …………………………… (40)

【技能要点 4】喷漆施涂 ………………………………………… (42)

【技能要点 5】金属面色漆施涂 ………………………………… (46)

第四节　涂料施工技术 ………………………………………… (50)

【技能要点 1】喷涂 ……………………………………………… (50)

【技能要点 2】弹涂 ……………………………………………… (59)

【技能要点 3】滚涂 ……………………………………………… (64)

【技能要点 4】石灰浆施涂 ……………………………………… (67)

【技能要点 5】大白浆、803 涂料施涂 …………………… (68)
【技能要点 6】乳胶漆施涂 …………………………………… (69)
【技能要点 7】高级喷磁型外墙涂料施涂 ………………… (71)
第五节　玻璃裁切与安装技术 ……………………………… (76)
【技能要点 1】玻璃喷砂和磨砂 …………………………… (76)
【技能要点 2】玻璃钻孔和开槽 …………………………… (77)
【技能要点 3】玻璃化学蚀刻 ……………………………… (79)
【技能要点 4】玻璃安装 …………………………………… (80)
【技能要点 5】玻璃搬运和存放 …………………………… (92)

第二章　裱糊和软包工程施工技术 …………………… (94)

第一节　裱糊工程施工 ……………………………………… (94)
【技能要点 1】一般规定 …………………………………… (94)
【技能要点 2】材料要求 …………………………………… (94)
【技能要点 3】裱糊顶棚壁纸 ……………………………… (99)
【技能要点 4】裱糊墙面壁纸 ……………………………… (100)
【技能要点 5】施工注意事项 ……………………………… (102)
【技能要点 6】质量标准 …………………………………… (103)
第二节　软包工程技术 ……………………………………… (104)
【技能要点 1】一般规定 …………………………………… (104)
【技能要点 2】材料要求 …………………………………… (105)
【技能要点 3】施工要点 …………………………………… (105)
【技能要点 4】施工注意事项 ……………………………… (107)
【技能要点 5】质量标准 …………………………………… (108)

第三章　涂裱工安全操作规程 ………………………… (110)

第一节　油漆安全操作规程 ………………………………… (110)
【技能要点】油漆安全操作技术规程 ……………………… (110)
第二节　玻璃工安全操作规程 ……………………………… (111)

【技能要点】玻璃工安全操作技术规程 …………………… (111)
第三节 预防和处理安全事故 ……………………………… (112)
【技能要点】预防和处理安全事故的方法 ………………… (112)

参考文献 ………………………………………………………… (113)

第一章　涂饰工程施工技术

第一节　基层处理技术

【技能要点 1】木材表面基底处理

先用抹布将木门或其他木制品周边擦干净，也可先用刷子扫一遍，再扫大面。

用铲刀在基面上铲一遍，可以发现凹凸不平或钉帽等多种缺陷。随手将钉子拔掉、将钉幅砸平、将孔洞用腻子填实，使整个面层没有缺陷。待腻子干透后，用砂纸初步打磨一遍，再检查一遍是否有遗漏。

铲刀的介绍

(1)铲刀的规格。宽度有 1″、1.5″、2″、2.5″。

(2)铲刀的用途。清除旧壁纸、旧漆膜或附着的松散物。

如果做透明油漆，木材色素不一致，就要用漂白来处理。木材漂白的方法一：配制 5%的碳酸钾∶碳酸钠＝1∶1 的水溶液 1 L，并加入 50 g 漂白粉，用此溶液涂刷木材表面，待漂白后用肥皂水或稀释盐酸溶液清洗被漂白的表面。此法即能漂白又能去脂。方法二：用浓度 30%的双氧水（过氧化氧）100 g，掺入 25%浓度的氨水 10～20 g、水 100 g稀释的混合液，均匀的涂刷在木材表面，经 2～3 天后，木材表面就被均匀漂白。这种方法对柚木、水曲柳的漂白效果很好。

【技能要点 2】金属表面基底处理

1. 机械处理

用压缩空气喷砂、喷丸等方法，以冲击和摩擦等作用除去氧化皮、锈斑、铸型砂等。也可用打磨机、风动砂轮除锈机、针束除锈机来除去氧化皮和锈斑

2. 手工处理

采用砂布、刮刀、锤凿、金属刷、废砂轮、圆盘打磨器、旋转钢丝刷等工具，通过手工打磨和敲、铲、刷、扫等方法，除去金属表面的氧化皮和锈垢，再用汽油或松香水清洗，擦洗干净所有油污。

3. 化学处理

通过各种配方的酸性溶液，如将物体置于用15%～20%的工业硫酸和80%～85%的清水，配成稀硫酸溶液（注意，必须将硫酸徐徐倒入水中，并加以搅拌。否则，会引起酸液飞溅伤人）中约10～12 min，至彻底除锈。然后，取出用清水冲洗干净，晾干待用。除浸渍酸洗法外，也有将除锈剂涂刷在金属表面进行除锈。

也可用肥皂液清除铝、镁合金制品物面灰尘、油腻等污物，再用清水冲净，然后用磷酸溶液（85%磷酸10份，杂醇油70份，清水20份配成）涂刷一遍。过2 min后，轻轻用刷子擦一遍，再用水冲洗干净。

金属表面处理工具简介

1. 金属刷

清除钢铁部件上的腐蚀物。

2. 圆盘打磨器

以电动机或空气压缩机带动柔性橡胶或合成材料制成的磨头，在磨头上可固定各种型号的砂纸。

（1）可打磨细木制品表面、地板面和油漆面，也可用来除锈，并能在曲面上作业。

（2）如把磨头换上羊绒抛光布轮，可用于抛光。

（3）换上金刚砂轮，可用于打磨焊缝表面（注：这种工具使用时应注意控制，不然容易损伤材料表面，产生凹面）。

3. 旋转钢丝刷

安装在气动或电动机上的杯形或盘形钢丝刷。

（1）应戴防护眼镜。

（2）在没有关掉开关和停止转动以前，不应从手中放下，以免在离心力作用下抛出伤人。

(3)直径大于55 mm的手提式磨轮，必须标有制造厂规定的最大转数。

(4)在易爆环境中，必须使用磷青铜刷子。

4. 环行往复打磨器

用电或压缩空气带动，由一个矩形柔韧的平底座组成。

(1)用途：对木材、金属、塑料或涂漆的表面进行处理和磨光。

(2)安全保护：电动型的，在湿法作业或有水时应注意安全，气动型的比较安全(注：这种打磨机的工作效率虽然低，但容易掌握，经过加工后的表面比用圆盘打磨机加工的表面细)。

5. 皮带打磨机

机体上装一整卷的带状砂纸，砂纸保持着平面打磨运动，它的效率比环行打磨机高。

(1)规格：带状砂纸的宽度为75 mm或100 mm，长度为610 mm；另外还有一种大的，供打磨地面用。

(2)用途：

1)打磨大面积的木材表面。

2)打磨金属表面的一般锈蚀。

6. 钢针除锈枪

(1)用途：用来除锈，特别是一些螺栓帽等不便于处理的圆角凹面；在大面积上使用的效率太低不经济；可用来清理石制品或装饰性铁制品。

(2)钢针类型：

1)尖针型。清除较厚的铁锈和较大的轧制氧化皮，但处理后的表面粗糙。

2)扁錾型。作用与尖针型相似，但对材料表面的损害较小，仅留有轻微痕迹。

3)平头型。用它处理金属表面，不留痕迹，可处理较薄的金属表面，也可用在对表面要求不高的地方，如混凝土和石材制品表面。

(3)安全保护：工作时应戴防护眼镜，不应在易燃环境中使用。在易燃环境中使用，应用特制的无火花型的钢针。

【技能要点 3】旧基层处理

1. 旧漆膜的清除

旧漆膜的清除方法，见表 1—1。

表 1—1 旧漆膜的清除方法

清除方法	内 容
刀刮法	用金属锻成圆形弯刀(有 40 cm 的长把)，磨快刀刃，一手扶把，一手压住刀刃，用力刮铲。还有把刀头锻成直的，装上 60 cm 的长把，扶把刮铲。 这种方法较多地用于处理钢门窗和桌椅一类物件
脱漆膏法	脱漆膏的配制方法有三种： (1)氢氧化钠水溶液(1∶1)4 份、土豆淀粉 1 份、清水 1 份，一面混合一面搅拌，搅拌均匀后再加入 10 份清水搅拌 5～10 min。 (2)碳酸钙 6～10 份、碳酸钠 4～7 份、生石灰 12～15 份、水 80 份，混成糊状。 使用时，将脱漆膏涂于旧漆膜表面约 2～5 层，待 2～3 h 时后，漆膜即破坏，用刀铲除或用水冲洗掉。如旧漆膜过厚，可先用刀开口，然后涂脱漆膏。 (3)将氢氧化钠 16 份溶于 30 份水中，再加入 18 份生石灰，用棍搅拌，并加入 10 份机油，最后加入碳酸钙 22 份
火喷法	用喷灯火焰烧旧漆膜，喷灯火焰烧至漆膜发焦时，再将喷灯向前移动，立即用铲刀刮去已烧焦的漆膜。烧与刮要密切配合，不能使它冷却，因冷却后刮不掉。烧刮时尽量不要损伤物件的本身，操作者两手的动作要合作紧凑
碱水清洗法	把少量火碱(氢氧化钠)溶解于清水中，再加入少量石灰配成火碱水(火碱水的浓度要经过试验，以能吊起旧漆膜为准)。用旧排笔把火碱水刷在旧漆膜上，等面上稍干燥时再刷一遍，最多刷 3～4 遍。然后，用铲刀将旧漆膜全部刮去，或用硬短毛旧油刷或揩布蘸水擦洗，再用清水(最好是温水)把残存的碱水洗净。 这种方法常用于处理门窗等形状复杂，面积较小的物件
摩擦法	把浮石锯成长方形块状，或用粗号磨石蘸水打磨旧膜，直到全部磨去为止。 这种方法适用于清除低天然漆旧漆膜

旧漆膜处理工具介绍

1. 斜面刮刀

(1)刮除凸凹线脚、檐板或装饰物上的旧油漆碎片，一般与涂料清除剂或火焰烧除设备配合使用。

(2)在填腻子前，可用来清理灰浆表面裂缝。

2. 刮刀

(1)刮刀的规格。刀片宽度为45～80 mm之间。

(2)刮刀的用途。用来清除旧油漆或木材上的斑渍。

3. 瓶装型气柜

瓶装型气柜以液化石油气、丁烷或丙烷做气源的手提式轻型气柜。气瓶上装有能重复冲气的气孔，并能安装各种能产生不同形状火焰和温度的气嘴。根据使用气嘴形状不同，每瓶气可使用2～4 h。

4. 罐装型气柜

罐装型气柜软管的一端装有燃烧嘴，另一端固定在装有丁烷或丙烷气的大型罐上。一个气罐可同时安装两个气柜。它比瓶装气柜更轻便、灵活，特别适用于空间窄小的地方。

5. 无法充气气柜

一次用完的气柜燃烧嘴安在一个不能充气的气柜筒上，它比其他的气柜瓶都轻便但成本高。这种气柜筒燃烧时间短，火焰的温度比大型气柜低。

6. 管道供气气柜

管道供气的气柜把手提式的气柜枪连接在天然气或煤气管道上，在敷设有煤气管道的地方很方便，但受到使用场地的限制。

7. 热吹风刮漆器

热吹风刮漆器原理与理发用热电风很相似，热风由电热元件产生，温度可在20 ℃～60 ℃间调节。为减轻质量、方便施工，喷头与加热元件应分开。

(1)优点：与喷灯、气柜相比无火焰，不易损伤木质、烧裂玻璃，并可确保防火安全。

(2)用途：适用于旧的或易损伤的表面及易着火的旧建筑物的涂膜清除。

2. 旧浆皮的清除

在刷过粉浆的墙面、平顶及各种抹灰面上重新刷浆时，必须把旧浆皮清除掉。清除方法为先在旧浆皮面上刷清水，然后用铲刀刮去旧浆皮。因浆皮内还有部分胶料，经清水溶解后容易刮去。

底层是水泥或混合砂浆抹面的，则可用钢丝刷擦刮。如是石灰膏一类抹面的，可用砂纸打磨或铲刀刮。石灰浆皮较牢固，刷清水不起作用。

旋转钢丝刷的使用要求

旋转钢丝刷的是安装在气动或电动机上的杯形或盘形钢丝刷。

(1)应戴防护眼镜。

(2)在没有关掉开关和停止转动以前，不应从手中放下，以免在离心力作用下抛出伤人。

(3)直径大于 55 mm 的手提式磨轮，必须标有制造厂规定的最大转数。

(4)在易爆环境中，必须使用磷青铜刷子。

3. 旧墙面的处理

(1)对于进行聚乙烯醇水玻璃内墙涂料施工的旧墙面，应清除浮灰，保持光洁。表面若有高低不平、小洞或缺陷处，要进行批嵌后再涂刷，以使整个墙面平整，确保涂料色泽一致，光洁平滑。批嵌用的腻子，一般采用5%羟甲基纤维素加95%水，隔夜溶解成水溶液(简称化学糨糊)，再加老粉调和后批嵌。在喷刷过大白浆或干墙粉墙面上涂刷时，应先铲除干净(必要时要进行一度批嵌)后，方可涂刷，以免产生起壳、翘度等缺陷。

(2)“幻彩”涂料复层施工的旧墙面，可视墙面的条件区别处理：

1)旧墙面为油性涂料时，可用细砂布打磨旧涂膜表面，最后清除浮灰和油污等。

2)旧墙面为乳液型涂料时，应检查墙面有无疏松和起皮脱落处，全面清除污灰油污等并用双飞粉和胶水调成腻子修补墙面。

3)旧墙面多裂纹和凹坑时，用白乳胶，再加双飞粉和白水泥调成腻子补平缺陷，干燥后再满批一层腻子抹平基面。

(3)旧墙基层处理。旧墙基层裱糊墙纸，对于凹凸不平的墙面要修补平整，然后清理旧有的浮松油污、砂浆粗粒等。对修补过的接缝、麻点等，应用腻子分1～2次刮平，再根据墙面平整光滑的程度决定是否再满刮腻子。对于泛碱部位，宜用9%稀醋酸中和、清洗。表面有油污的，可用碱水(1∶10)刷洗。对于脱灰、孔洞处，须用聚合物水泥砂浆修补。对于附着牢固、表面平整的旧溶剂型涂料墙面，应进行打毛处理。

【技能要点4】其他基层处理

1. 基层类型

水泥砂浆及混凝土基层。包括：水泥砂浆、水泥白灰砂浆、现浇混凝土、预制混凝土板材及块材。

加气混凝土及轻混凝土类基层。包括：这类材料制成的板材及块材。

水泥类制品基层。包括：水泥石棉板、水泥木丝板、水泥刨花板、水泥纸浆板、硅酸钙板。

石膏类制品及灰浆基层。包括：纸面石膏板等石膏板材、石膏灰浆板材。

石灰类抹灰基层。包括：白灰砂浆及纸筋灰等石灰抹灰层、白云石灰浆抹灰层、灰泥抹灰层。

2. 各种基层的特性

各种基层的成分及特性见表1—2。

表 1—2　各种基层成分及特征

基层种类	主要成分	特征		
		干燥速度	碱　性	表面状态
混凝土	水泥、砂石	慢,受厚度和构造制约	大,进行中和需较长的时间,内部析出的水呈碱性	粗,吸水率大
轻混凝土	水泥、轻骨料、轻砂或普通砂	慢,受厚度和构造影响	大,进行中和需较长的时间,内部析出的水呈碱性	粗,吸水率大
加气混凝土	水泥、硅砂、石灰、发泡剂	—	多呈碱性	粗,有粉化表面,强度低、吸水率大
水泥砂浆(厚度 10～25 mm)	水泥、砂	表面干燥快,内部含水率受主体结构的影响	比混凝土大,内部析出的水呈碱性	有粗糙面、平整光滑面之分,其吸水率各不相同
水泥石棉板	水泥、石棉	—	极大,中和速度非常慢	吸水不均匀
硅酸钙板	水泥、硅砂、石灰、消石灰、石棉	—	呈中性	脆而粉化,吸湿性非常大
石膏板	半水石膏	—	—	吸水率很大,与水接触的表面不得使用
水泥刨花板	水泥、刨花	—	呈碱性	粗糙,局部吸水不均,渗出深色树脂
麻刀灰(厚度 12～18 mm)	消石灰、砂、麻刀	非常慢	非常大,达到中和需较长时间	裂缝多

续上表

基层种类	主要成分	特征		
		干燥速度	碱性	表面状态
石膏灰泥抹面(厚度12～18 mm)	半水石膏、熟石灰、水泥、砂、自云石灰膏	易受基层影响	板材呈中性，混合石膏呈弱碱性	裂缝多
白云石灰泥抹面(厚度12～18 mm)	白云石灰膏、熟石灰、麻刀、水泥、砂	很慢	强，需要很长时间才能中和	裂缝多，表面疏密不均，明显呈吸水不均匀现象

3. 对基层的基本要求

无论何种基层，经过处理后，涂饰前均应达到以下要求：

(1)基层表面必须坚实，无酥松、粉化、脱皮、起鼓等现象。

(2)基层表面必须清洁，无泥土、灰尘、油污、脱膜剂、白灰等影响涂料黏结的任何杂物污迹。

(3)基层表面应平整，角线整齐，但不必过于光滑，以免影响黏结。

(4)无较大的缺陷、孔洞、蜂窝、麻面、裂缝、板缝、错台，无明显的补痕、接茬。

(5)基层必须干燥，施涂水性和乳液涂料时，基层含水率应在10％以下；施涂油漆等溶剂性涂料时要求基层含水率不大于8％(不同地区可以根据当地标准执行)。

(6)基层的碱性应符合所使用涂料的要求。对于涂漆的表面，pH值应小于8。

4. 处理方法

(1)清理、除污。

1)对于灰尘，可用扫帚、排笔清扫。

2)对于油污、脱膜剂，要先用5％～10％浓度的火碱水清洗，然后再用清水洗净。

3)对于粘附于墙面的砂浆、杂物以及凸起明显的尖棱、鼓包，要用铲刀、錾子铲除、剔凿或用手砂轮打磨。

4)对于析盐、泛碱的基层可先用3%的草酸溶液清洗，然后再用清水清洗。

5)基层的酥松、起皮部分也必须去掉，并进行修补。

6)外露的钢筋、铁件应磨平、除锈，然后做防锈处理。

(2)基层的修补、找平(表1—3)。

表1—3 基层的修补、找平

基层类型	修补与找平
抹灰基层	由于涂料对基层含水率的要求较严格，一般抹灰基层，均要经过一段时间的干燥，一般采用自然干燥法。经验证明，新抹灰面要达到含水率8%以下的充分干燥，需经过半年以上的时间。对于一般水性涂料要达到含水率10%以下，夏季需7～10 d，冬季则需10～15 d以上
混凝土基层	如是反打外墙板，由于表面平整度好，一般用水泥腻子填平修补好表面缺陷后便可直接涂饰。内墙做一般的浆活或涂刷涂料。为增加腻子与基层的附着力，要先用4%的聚乙烯醇溶液或30%的108胶液或20%的乳液水喷刷于基层，晾干后刮批大白腻子、石膏腻子或821腻子。若腻子层太厚，应分层刮批，干燥后用砂纸打磨平整，并将表面粉尘及时清扫干净。若饰面材料采用耐擦涂料或有防水防潮要求的房间，如厨房、厕所、浴室等，则应采用具有相应强度、耐水性好的腻子。 对于裂纹，要用铲刀开缝成V形，然后用腻子嵌补。 为增强涂料与腻子的附着力，便于涂刷和节省材料，嵌批腻子前常对基层汁胶(即在基层上喷涂或刷涂胶液，目的是增强基层表面的强度，保证腻子与基层的黏结力)或涂刷基层处理剂。汁胶的材料根据面层的装饰涂料而定，一般的刷浆或用水性涂料时，也可采用4%浓度的聚乙烯醇溶液或稀释至15%～20%的聚酯酸乙烯乳液，可采用30%浓度的108胶水。对于油性涂料，则可用熟桐油加汽油配成的清油在基底上涂刷一遍。胶水或底涂层干后，即可嵌批腻子

续上表

<table>
<tr><th colspan="2">基层类型</th><th>修补与找平</th></tr>
<tr><td rowspan="2">各种板材基层</td><td>板缝处理</td><td>以有纸石膏板及无纸圆孔石膏板板缝处理为例,有明缝和无缝两种做法。
明缝一般采用各种塑料或铝合金嵌条压缝,也有采用专用工具勾成明缝的,如图1—1所示。 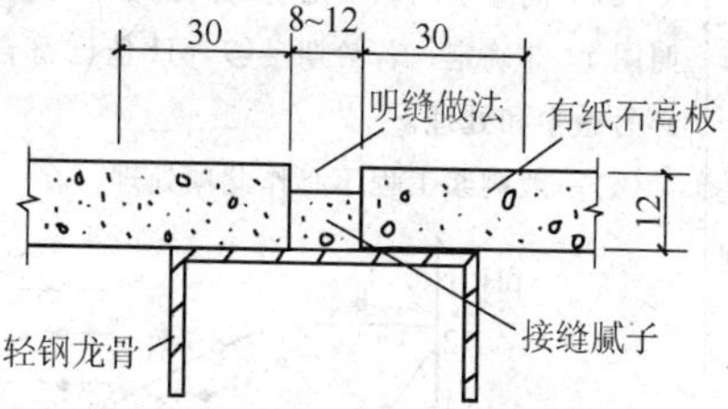
30　8~12　30　明缝做法　有纸石膏板　12　轻钢龙骨　接缝腻子
图1—1　明缝做法(单位:mm)
无缝一般先用嵌缝腻子将两块石膏板拼缝嵌平,然后贴上约50 mm宽的穿孔纸带或涂塑玻璃纤维网格布,再用腻子刮平,如图1—2所示。 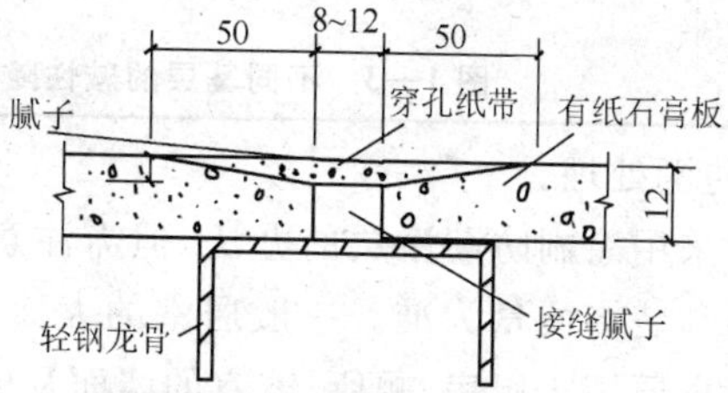
50　8~12　50　腻子　穿孔纸带　有纸石膏板　12　轻钢龙骨　接缝腻子
图1—2　无缝做法(单位:mm)
无纸圆孔石膏板的板缝一般不做明缝。具体做法是将板缝用胶水涂刷两道后,用石膏膨胀珍珠岩嵌缝腻子勾缝刮平。腻子常用791胶来调制,对于有防水、防潮要求的墙面,板缝处理应在涂刷防潮涂料之前进行</td></tr>
<tr><td>中和处理</td><td>对于碱性大的基层,在涂油漆前,必须做中和处理。方法如下:
(1)新的混凝土和水泥砂浆表面,用5%的硫酸锌溶液清洗碱质,1 d后再用水清洗,待干燥后,方可涂漆。</td></tr>
</table>

续上表

基层类型		修补与找平
各种板材基层	中和处理	(2)如急需涂漆时,可采用15%～20%浓度的硫酸锌或氯化锌溶液,涂刷基层表面数次;待干燥后除去析出的粉末和浮粒,再行涂漆。 如采用乳胶漆进行装饰时,则水泥砂浆抹完后一个星期左右,即可涂漆。 (3)不同基层的碱性随着时间的推移,逐渐降低,具体施工时间可参照图1—3确定。若龄期足够,pH值已符合所使用的涂料要求,则不必另做中和处理。 (4)一般刷浆工程不必作此项处理 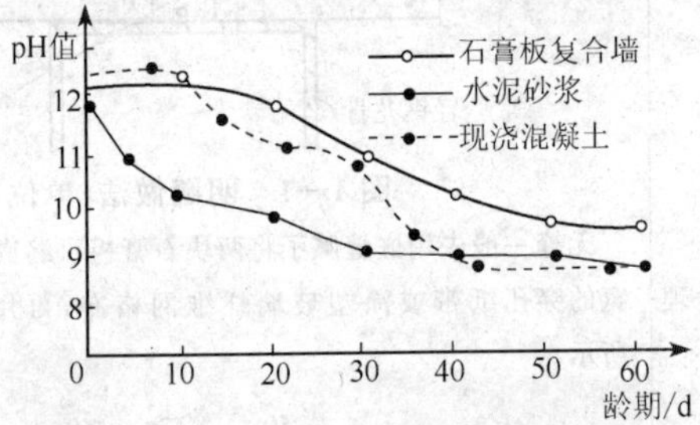 **图1—3　不同基层的碱性随时间的变化**

(3)防潮处理。

一般采用涂刷防潮涂层的办法,但需注意以不影响饰面涂层的粘附性和装饰质量为准。一般居室的大面墙多不做防潮处理,防潮处理主要用于厨房、厕所、浴室的墙面及地下室等。

纸面石膏板的防潮处理,主要是对护纸面进行处理。通常是在墙面刮腻子前用喷浆器(或排笔)喷(或刷)一道防潮涂料。常用的防潮涂料有以下几种:

1)乳化熟桐油。其重量配合比为熟桐油∶水∶硬脂酸∶肥皂＝30∶70∶0.5∶(1～2)。

2)用硫酸铝中和甲基硅醇钠(pH值为8,含量为30%左右)。该涂料应当天配制当天使用,以免影响防潮效果。

3)一些防水涂料,如LT防水涂料。

4)汽油稀释的熟桐油。其配比为熟桐油∶汽油＝3∶7(体积比)。

5)用10%的磷酸三钠溶液中和氯一偏乳液。

无纸圆孔石膏板装修时,必须对表面进行增强防潮处理。可先用涂刷LT底漆增强,再刮配套防水腻子。

以上防潮涂料涂刷时均不允许漏喷漏刷,并注意石膏板顶端也需做相应的防潮处理。

第二节　涂料调配技术

【技能要点1】调配涂料颜色

1. 调配涂料颜色的原则

(1)颜料与调制涂料相配套的原则:在涂刷材料配制色彩的过程中,所使用的颜料与配制的涂料性质必须相同,不起化学反应,才能保证色彩配制涂料的相容性、成色的稳定性和涂料的质量,否则,就配制不出符合要求的涂料。如油基颜料适用于配制油性的涂料而不适用调制硝基涂料。

(2)选用颜料的颜色组合正确、简练的原则:

1)对所需涂料颜色必须正确地分析,确认标准色板的色素构成,并且正确分析其主色、次色、辅色等。

2)选用的颜料品种简练。能用原色配成的不用间色,能用间色配成的不用复色,切忌撮药式的配色。

(3)涂料配色由先主色后副色再次色依序渐进、由浅入深的原则:

1)调配某一色彩涂料的各种颜料的用量,先可作少量的试配,认真记录所配原涂料与加入各种颜料的比例。

2)所需的各色素最好进行等量的稀释,以便在调配过程中能充分地溶合。

3)要正确地判断所调制的涂料与样板色的成色差。一般讲油色宜浅一成,水色宜深3成左右。

4)某一工程所需的涂料按其用量最好一次配成,以免多次调配造成色差。

2. 调配涂料颜色的方法

(1)调配各色涂料颜色是按照涂料样板颜色来进行的。首先配小样,初步确定几种颜色参加配色,然后将这几种颜色分装在容器中,先称其质量,然后进行调配。调配完成后再称一次,两次称量之差即可求出参加各种颜色的用量及比例。这样,可作为配大样的依据。

(2)在配色过程中,以用量大、着色力小的颜色为主(称主色),再以着色力较强的颜色为副(次色),慢慢地间断地加入,并不断搅拌,随时观察颜色的变化。在试样时待所配涂料干燥后与样板色相比,观察其色差,以便及时调整。

(3)调配时不要急于求成,尤其是加入着色力强的颜色时切忌过量,否则,配出的颜色就不符合要求而造成浪费。

(4)由于颜色常有不同的色头,如要配正绿时,一般采用绿头的、黄头的蓝;配紫红色时,应采用带红头的蓝与带蓝头的、红头的黄。

(5)在调色时还应注意加入辅助材料对颜色的影响。

涂料调配工具

(1)调料刀。

1)调料刀的规格:刀片长度为75～300 mm。

2)调料刀的用途:在涂料罐里或板上调拌涂料。

(2)搅拌棒。

1)搅拌棒的规格:各种尺寸都有,长度可达600 mm。

2)搅拌棒的用途:搅拌涂料。

3. 涂料稠度的调配

因储藏或气候原因,造成涂料稠度过大,应在涂料中掺入适量的稀释剂,使其稠度降至符合施工要求。稀释剂的分量不宜超过涂料重量的20%,超过就会降低涂膜性能。稀释剂必须与涂料配套使用,不能滥用以免造成质量事故。如虫胶漆须用乙醇,而硝基漆则要用香蕉水。

4. 常用涂料颜色的调配

(1)色浆颜料用量配合比例,见表1—4。

表1—4　色浆颜料用量配合比(供参考)

序号	颜色名称	颜料名称	配合比(占白色原料%)	序号	颜色名称	颜料名称	配合比(占白色原料%)
1	米黄色	朱红 土黄	0.3～0.9 3～6	4	浅蓝灰色	普蓝 墨汁	8～12 少许4
2	草绿色	砂绿 土黄	5～8 12～15	5	浅藕荷色	朱红 群青	4 2
3	蛋青色	砂绿 土黄 群青	8 5～7 0.5～1	—	—	—	—

(2)常用涂料颜色的调配比例见表1—5。

表1—5　常用涂料颜色配合比

需调配的颜色名称	配合比(%)		
	主　色	副　色	次　色
粉红色	白色95	红色5	—
赭黄色	中黄60	铁红40	—
棕　色	铁红50	中黄25、紫红12.5	黑色1.5
咖啡色	铁红74	铁黄20	黑色6
奶油色	白色95	黄色5	—
苹果绿色	白色94.6	绿色3.6	黄色1.8
天蓝色	白色91	蓝色9	—
浅天蓝色	白色95	蓝色5	—
深蓝色	蓝色35	白色13	黑色2
墨绿色	黄色37	黑色37、绿色26	—
草绿色	黄色65	中黄20	蓝色15
湖绿色	白色75	蓝色10、柠檬黄10	中黄15

续上表

需调配的颜色名称	配合比(%)		
	主　色	副　色	次　色
淡黄色	白色 60	黄色 40	—
橘黄色	黄色 92	红色 7.5	淡蓝 0.5
紫红色	红色 95	蓝色 5	—
肉　色	白色 80	橘黄 17	中蓝 3
银灰色	白色 92 5	黑色 5.5	淡蓝 2
白　色	白色 99.5	—	群青 0.5
象牙色	白色 99.5	—	淡黄 0.5

【技能要点 2】着色剂调配

1. 油色的调配

油色(俗称发色油)是介于铅油与清漆之间的一种自行调配的着色涂料,施涂于木材表面后,既能显露木纹又能使木材底色一致。

油色所选用的颜料一般是氧化铁系列的,耐晒性好,不易褪色。油类一般常采用铅油或熟桐油,其参考配合比为:铅油∶熟桐油∶松香水∶清油∶催干剂=7∶1.1∶8∶1∶0.6(质量比)。

油色的调配方法与铅油大致相同,但要细致。将全部用量的清油加 2/3 用量的松香水,调成混合稀释料;再根据颜色组合的主次,将主色铅油称量好,倒入少量稀释料充分拌和均匀;然后再加副色、次色铅油依次逐渐加到主色铅油中调拌均匀,直到配成要求的颜色;然后再把全部混合稀释料加入,搅拌后再将熟桐油、催干剂分别加入并搅拌均匀,用 100 目铜丝箩过滤,除去杂质;最后将剩下的松香水全部掺入铅油内,充分搅拌均匀,即为油色。

油色一般用于中高档木家具,其色泽不及水色鲜明艳丽,且干燥缓慢,但在施工上比水色容易操作,因而适用于木制品件的大面积施工。油色使用的大多是氧化颜料,易沉淀,所以在施涂料中要经常搅拌,才能使施涂的颜色均匀一致。

2. 水色的调配

(1)刷涂水色的目的是为了改变木材面的颜色,使之符合色泽均匀和美观的要求。因调配用的颜料或染料用水调制,故称水色,它常用于木材面清水活与半清水活,施涂时作为木材面底层染色剂。

(2)水色的调配因其用料的不同有以下两种方法:

1)以氧化铁颜料(氧化铁黄、氧化铁红等)做原料,将颜料用开水泡开,使之全部溶解,然后加入适量的墨汁,搅拌成所需要的颜色,再加入皮胶水或血料水,经过滤即可使用。配合比大致是:水60%~70%、皮胶水10%~20%、氧化铁颜料10%~20%。由于氧化铁颜料施涂后物面上会留有粉层,加入皮胶、血料水的目的是为了增加附着力。

此种水色颜料易沉淀,所以在使用时应经常搅拌,才能使涂色一致。

2)是以染料做原料,染料能全部溶解于水,水温越高,越能溶解,所以要用开水浸泡后再在炉子上炖一下。一般使用的是酸性染料或碱性染料,如黄纳粉、酸性橙等,有时为了调整颜色,还可加少许墨汁。水色配合比见表1—6。

表1—6　调配水色的配合比(供参考)

质量配合比 / 色相 / 原料	柚木色	深柚木色	粟壳色	深红木色	古铜色
黄纳粉	4	3	13	—	5
黑纳粉	—	—	—	15	—
墨　汁	2	5	24	18	15
开　水	94	92	63	67	80

(3)水色的特点是:容易调配,使用方便,干燥迅速,色泽艳丽,透明度高。但在配制中应避免酸、碱两种性质的颜料同时使用,以防颜料产生中和反应,降低颜色的稳定性。

3. 酒色的调配

调配时将碱性颜料或醇溶性染料溶解于酒精中,加入适量的虫胶清漆充分搅拌均匀,称酒色。其作用介于铅油和清油间,既可显露木纹,又可对涂层起着色作用,使木材面的色泽一致。酒色同水色一样,是在木材面清色透明活施涂时用于涂层的一种自行调配的着色剂。

施涂酒色需要有较熟练的技术。首先要根据涂层色泽与样板的差距,调配酒色的色调,最好调配得淡一些,免得一旦施涂深了,不便再整修。酒色的特点是干燥快,这样可缩短工期,提高工效。因此其技能要求也较高,施涂酒色还能起封闭作用,目前在木器家具施涂硝基清漆时普遍应用酒色。

酒色的配合比要按照样板的色泽灵活掌握。虫胶酒色的配合比例一般为碱性颜料或醇溶性染料浸于[虫胶:酒精=(0.1~0.2):1]的溶液中,使其充分溶解拌匀即可。

1. 填充料(体质颜料)

熟石膏粉加水后成石膏浆,具有可塑性,并迅速硬化。石膏浆硬化后,膨胀量约为1%。用它调成的腻子,韧性好,批刮方便,干燥快,容易打磨。

滑石粉是由滑石和透闪石矿和混合物精研加工成的白色粉状材料。它在腻子中能起抗拉和防沉淀的作用,同时还能增强腻子的弹性、抗裂性和和易性。

碳酸钙俗称大白粉、老粉、自垩土。它是由滑石、矾石或青石等精研加工成的白色粉末状材料。它在腻子中主要起填充扩大腻子体积的作用,并能增强腻子的硬度。

2. 溶剂

溶剂主要是用于稀释胶粘材料,腻子使用的溶剂主要有松香水、松节油、200号溶剂汽油、煤油、香蕉水、酒精和二甲苯等。

3. 颜料

颜料在腻子中起着色作用,其用量在腻子的组成中只占很少一部分。

4. 水

水可以提高腻子的和易性和可塑性,便于批刮,并有助于石膏的膨胀。调配腻子应用洁净的水,pH值为7。

5. 着色材料

(1)染料:主要用来改变木材的天然颜色,在保持木材自然纹理的基础上使其呈现有鲜艳透明的光泽,提高涂饰面的质量。染料色素能渗入到物体内部使物体表面的颜色鲜艳而透明,并有一定的坚牢度。

(2)填孔料:填孔料有水老粉和油老粉,是由体质颜料、着色颜料、水或油等调配而成。水性填孔料和油性填孔料的组成、配比和特性见表1—7。

表1—7　填孔料的组成、配比和特性

种　类	材料组成及配比(重量比)		特　点
水性填孔料	大白粉	65%~72%	调配简单,施工方便,干燥快,着色均匀,价格便宜; 但易使木纹膨胀、收缩、开裂,附着力差,木纹不明显
	水	28%~35%	
	颜　料	适量	
油性填孔料	大白粉	60%	木纹不会膨胀,收缩开裂少,干后坚固,着色效果好,透明,附着力好,吸收上层涂料少; 但干燥慢,价格高,操作不如水老粉方便
	清　油	10%	
	松香水	20%	
	煤　油	10%	
	颜　料	适量	

【技能要点3】腻子调配

1. 材料的选用

(1)凡能增加腻子附着力和韧性的材料,都可作黏结料,如桐油(光油)、油漆、干性油等。

调配腻子所选用的各类材料,各具特性,调配的关键是要使它们相容。如油与水混合,要处理好,否则就会产生起孔、起泡、难乱、难磨等缺陷。

(2)填料能使腻子具有稠度和填平性。一般化学性稳定的粉质材料都可选用为填料,如大白粉、滑石粉、石膏粉等。

(3)固结料是能把粉质材料结合在一起,并能干燥固结成有一定硬度的材料，如蛋清、动植物胶、油漆或油基涂料。

腻子

腻子是用来将物面上的洞眼、裂缝、砂眼、木纹鬃眼以及其他缺陷填实补平，使物面平整。

腻子一般由体质颜料与胶黏剂、着色颜料、水或溶剂、催干剂等组成。

常用的体质颜料有大白粉、石膏、滑石粉、香晶石粉等。胶黏剂一般有血料、熟桐油、合成树脂溶液、清漆、乳液、鸡脚菜及水等。

2. 腻子调配的方法

调配常用腻子的组成、性能及用途见表1—8。

表1—8　调配常用腻子的组成、性能及用途

腻子种类	配比（体积比）及调制	性能及用途
石膏腻子	石膏粉∶熟桐油∶松香水∶水＝10∶7∶1∶6 先把熟桐油与松香水进行充分搅拌，加入石膏粉，并加水调和	质地坚韧，嵌批方便，易于打磨。适用于室内抹灰面、木门窗、木家具、钢门窗等
胶油腻子	石膏粉∶老粉∶熟桐油∶纤维胶＝0.4∶10∶1∶8	润滑性好，干燥后质地坚韧牢固，与抹灰面附着力好，易于打磨。适用于抹灰面上的水性和溶剂型涂料的涂层
水粉腻子	老粉∶水∶颜料＝1∶1∶适量	着色均匀，干燥快，操作简单。适用于木材面刷清漆
油粉腻子	老粉∶熟桐油∶松香水（或油漆）∶颜料＝14.2∶1∶4.8∶适量	质地牢，能显露木材纹理，干燥慢，木材面的棕眼需填孔着色
虫胶腻子	稀虫胶漆∶老粉∶颜料＝1∶2∶适量（根据木材颜色配定）	干燥快，质地坚硬，附着力好，易于着色。适用于木器油漆

续上表

腻子种类	配比(体积比)及调制	性能及用途
内墙涂料腻子	石膏粉∶滑石粉∶内墙涂料＝2∶2∶10(体积比)	干燥快,易打磨。适用于内墙涂料面层

腻子施工工具

1. 铲刀

(1)铲刀由钢制刀片及木制手柄组成,亦称作"开刀"。铲刀的刀片由弹性很好的薄钢片制成,按刀片的宽度分为20～100 mm等多种不同规格。

(2)适用于被涂物面上孔、洞的嵌补刮涂。铲刀在使用时应注意不要使刀边卷曲,存放时应注意防锈。

2. 钢刮板

钢刮板由很薄的钢片及木把手组成。钢刮板钢片比铲刀的刀片更柔韧,钢刮板的宽度一般在200 mm左右,比较适宜大面积的刮涂操作。钢刮板在使用及存放时应注意防锈。

3. 木制刮刀

木制刮刀多用柏木、椴木等直纹木片或竹板削制而成,有竖式及横式两种竖式的用于孔、洞的嵌补刮涂;横式的用于大面的刮涂操作。

4. 牛角刮刀

(1)牛角刮刀一般由牛角的薄片制成,适用于木制被涂物表面腻子的刮涂操作。

(2)牛角刮刀的弹性及韧性俱佳,不易造成被涂物表面的划伤。但是,夏季使用牛角刮刀时,由于气温过高易产生变形,应注意每2 h更换一次,交替使用;冬季使用牛角刮刀时,由于气温过低易产生断裂,应注意不要用力过猛。

(3)存放牛角刮刀时应插入木制的夹具内,以防变形。如遇变形情况,可以用开水浸泡后置于平板上,用重物压平。

【技能要点 4】大白浆、石灰浆和虫胶漆调配

1. 大白浆的调配

(1)配合比：大自浆调配的重量配合比为老粉∶聚酯酸乙烯乳液∶纤维素胶∶水＝100∶8∶35∶140。其中，纤维素胶需先进行配制，它的配制重量比约为：羟甲基纤维素∶聚乙烯醇缩甲醛∶水＝1∶5∶(10～15)。

(2)调配：先将大白粉加水拌成糊状，再加入纤维素胶，边加入边搅拌。经充分拌和，成为较稠的糊状，再加入聚酯酸乙烯乳液。搅拌后用 80 目铜丝箩过滤即成。如需加色，可事先将颜料用水浸泡，在过滤前加入大白浆内。选用的颜料必须要有良好的耐碱性，如氧化铁黄、氧化铁红等。如耐碱性较差，容易产生咬色、变色。当有色大白浆出现颜色不匀和胶花时，可加入少量的六偏磷酸钠分散剂搅拌均匀。

2. 虫胶漆的调配

(1)配合比：一般虫胶漆的重量配合比为虫胶片∶酒精＝1∶4；用于揩涂的可配成虫胶片∶酒精＝1∶5；根据施工工艺的不同确定需要的配合比为虫胶片∶酒精＝1∶(3～10)；用于理平见光的可配成虫胶片∶酒精＝1∶(7～8)。酒精加入的多少受气温和干湿度的影响，当气温高、干燥时，酒精应适当多加些；当气温低湿度大时，酒精应少加些，否则，涂层会出现返白。

(2)调配：先将酒精放入容器(不能用金属容器，一般用陶瓷、塑料等器具)，再将虫胶片按比例倒入酒精内，过 24h 溶化后即成虫胶漆，也称虫胶清漆。

为保证质量，虫胶漆必须随配随用。

3. 石灰浆的调配

调配时，先将 70％的清水放入容器中，再将生石灰块放入，使其在水中消解。其重量配合比为生石灰块∶水＝1∶6，待 24 h 生石灰块经充分吸水后才能搅拌。为了涂刷均匀，防止刷花，可往浆内加入微量墨汁；为了提高其黏度，可加 5％的 108 胶或约 2％的聚酯酸乙烯乳液；在较潮湿的环境条件下，可在生石灰块消解时加入2%的熟桐油。如抹灰面太干燥，刷后附着力差，或冬天低温刷后易结冰，可在浆内加入0.3%～0.5%的食盐(按石灰浆重量)。如需加色则与有色大白浆的配制方法相同。

为了便于过滤，在配制石灰浆时，可多加些水，使石灰浆沉淀，使用时倒去上面部分清水，如太稠，还可加入适量的水稀释搅匀。

【技能要点5】胶黏剂调配

粘贴墙纸的胶黏剂有以下几种。

(1)用白胶、108胶、化学糨糊配制胶黏剂。按白胶∶108胶∶化学糨糊液＝2∶8∶5的比例将三种材料混合均匀过滤即成。如果胶液太稠，涂刷不开，可适量加水稀释。这种混合胶黏剂适合粘贴较厚的墙纸，如高泡塑面墙纸和无纺布墙布等。

(2)用108胶、化学糨糊配制胶黏剂。按108胶∶化学糨糊液＝10∶5的比例加适量的水拌和，过滤后备用。这种胶黏剂用于粘贴"中泡"以下的薄型墙纸。

(3)淀粉糨糊。用普通面粉或"白糊精"加水加热调成，用水量可根据需要自行控制。为了防止糨糊发霉，调制时可加入5%的明矾(需用热水调化)。

(4)特种胶黏剂。有聚酯酸乙烯酯胶黏剂和以橡胶加氯丁橡胶为主要原料的高强度胶黏剂，适用于塑基型墙纸和塑布的粘贴。

第三节　油漆施工技术

【技能要点1】传统油漆施涂技术

1. 油色底广漆面施涂工艺

(1)油色底广漆面施涂施工工序。油底广漆俗称操油广漆，它是一种简单易行的操作方法，一般适用于杂木家具、木门窗、杉木地板等涂饰。

其施工工序为：基层处理→刷油色→嵌批腻子→刷豆腐底色→上理光漆。

(2)油色底广漆面施工要点，见表1—9。

表1—9 油色底广漆面施工要点

项 目	施工要点
白木处理	按常规处理进行,即基层清理洁净、打磨光滑
刷油色	油色是由熟桐油(光油)与200号溶剂汽油以1∶1.5加色配成。在没有光油的情况下,可用油基清漆或酚醛清漆与200号溶剂汽油以1∶0.5加色配成。加色一般采用油溶性染料、各色厚漆或氧化铁系颜料,调成后用80～100目铜筛过滤即可涂刷。将整个木面均匀地染色一遍,要求顺木纹理通拔直,着色均匀
嵌批腻子	首先调拌稠硬油腻子,将大洞、缝等缺陷处先行填嵌,干燥后略磨一下,再用稀稠适中的腻子满批刮一遍。对于棕眼较粗的木材要批刮两遍,力求表面平整,待腻子干燥后,用1号木砂纸打磨光滑。除尘后,如表面不够光滑、平整可再满批腻子一遍。干后再用1号木砂纸砂磨、除尘。批嵌腻子时要收拾干净,不留残余腻子,否则难以砂磨干净,也不得漏批漏刮
刷豆腐底色	用鲜嫩豆腐加适量染料和少量生猪血经调配制成。配色可用酸性染料,如酸性大红、酸性橙等,用开水溶解后再用豆腐、生猪血一起搅拌。用80～100目筛子过滤,使豆腐、染料、血料充分分散混合成均匀的色浆,用漆刷进行刷涂。色浆太稠可掺加适量清水稀释,刷涂必须均匀,顺木纹理通拔直不漏、不挂。色浆干燥后,用0号旧木砂纸轻轻磨去色层颗粒,但不得磨穿、磨白。刷豆腐底色的目的,主要是对木基层染色,保证上漆后色泽一致
上理光漆	上漆方法有两种:涂刷体量大用蚕丝团,体量小用牛尾漆刷。涂刷一般多用牛尾漆刷,牛尾漆刷是用牛尾毛制成的,俗称“国漆刷”。 国漆刷是刷涂大漆的专用工具,其规格大小有1～4指宽(即25～100 mm),形状有平的、斜的等多种,漆刷的毛长5～7 mm。上漆时,用漆刷蘸漆涂布于物面,大平面可用牛角翘将漆披于物面,接着纵、横、竖、斜交叉各刷一遍,这样反复多次,目的是将漆液推刷均匀。涂刷感到发黏费力时,说明漆液开始成膜,这时可用毛头平整细软的理漆刷顺木纹方向理通理顺,使整个漆面均匀光亮。 蚕丝团是用蚕丝捏成丝团,蘸漆于物面向纵横方向不断地往返揩搓滚动,使物面受漆均匀,然后再用漆刷进行理顺。用丝团的上漆方法,

续上表

项　目	施工要点
上理光漆	一般两人合作进行，一人在前面上漆，另一人在后面理漆，这样既能保证质量。又能提高工效。对于木地板上漆要多人密切配合。地板上漆应从房间内角开始，逐渐退向门口，中途不可停顿，要一气呵成。地板上漆后，漆膜要彻底干固（一般在2～3个月左右）才能使用。 用蚕丝团上漆是传统工艺，不论面积大小的物体均可适用，而且上漆均匀，工效高。但要注意的是，将丝团吸饱漆液后应挤去多余部分。在操作时，丝团内的漆液要始终保持湿润、柔软，否则丝团容易变硬，变硬后就不易蘸漆和上漆，且丝头还会黏结于物面，影响质量

油漆施工工具

1. 板刷

板刷有用羊毛制作刷毛的，亦称为羊毛刷。也有用人造纤维制作刷毛的，还有用羊毛与人造纤维混合制作刷毛的。板刷一般比鬃刷厚度小，一般用来涂刷水性涂料。

板刷的规格按刷子的宽度划分，有2.54 cm、3.81 cm、5.08 cm、15.24 cm等，如图1—4和图1—5所示。

图1—4　板刷(一)

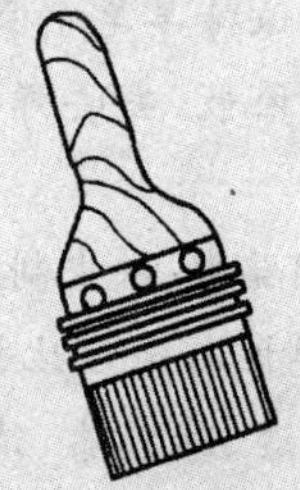

图1—5　板刷(二)

2. 排笔

排笔是手工涂刷的工具，用羊毛和细竹管制成。每排可有4管至20管多种。4管、8管的主要用于刷漆片。8管以上的用于墙面的油漆及刷胶较多。排笔的刷毛较毛刷的鬃毛柔软，适用于涂刷黏度较低的涂料，如粉浆、水性内墙涂料、虫胶漆、乳胶漆、硝基漆、丙烯酸漆、聚酯漆的涂装施工。

(1)排笔的使用。涂刷时,用手拿住排笔的右角,一面用大拇指压住排笔,另一面用四指握成拳头形状,如图1—6所示。刷时要用手腕带动排笔,对于粉浆或涂料一类的涂刷,要用排笔毛的两个平面拍打粉浆,为了涂刷均匀,手腕要灵活转动。用排笔从容器内蘸涂料时,大拇指要略松开一些,笔毛向下,如图1—7所示。蘸涂料后,要把排笔在桶边轻轻敲靠两下,使涂料能集中在笔毛头部,让笔毛蓄不住的涂料流掉,以免滴洒。然后,将握法恢复到刷浆时的拿法,进行涂刷。如用排笔刷漆片,则握笔手法略有不同,这时要拿住排笔上部居中的位置。

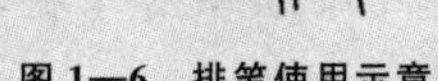

图1—6 排笔使用示意图

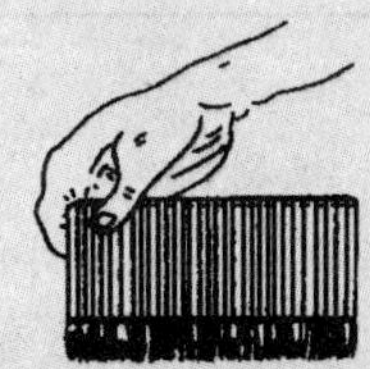

图1—7 排笔蘸涂料示意图

(2)排笔的选择与保管。以长短度适度、弹性好、不脱毛、有笔锋的为好。涂刷过的排笔,必须用水或溶剂彻底洗净,将笔毛捋直保管,以保持羊毛的弹性,不要将其久立于涂料桶内,否则笔毛易弯曲、松散,失去弹性。

3. 油刷

油刷是用猪鬃、铁皮制成的木柄毛刷,是手工涂刷的主要工具。油刷刷毛的弹性与强度比排笔大,故用于涂刷黏度较大的涂料,如酚醛、醇酸漆、酯胶漆、清油、调和漆、厚漆等油性清漆和色漆。

(1)规格与用途。油刷按其刷毛的宽度分为1.27 cm、1.91 cm、2.54 cm、13.97 cm、5.08 cm、26.67 cm、7.62 cm、10.16 cm等多种规格。1.27 cm、2.54 cm的用于一般小件或不易涂刷到的部位;13.97 cm的多用于涂刷钢窗油漆;5.08 cm的多用于涂刷木窗或钢窗油漆;26.67 cm的除常用于木门、钢门油漆外,还用于一般的油漆涂刷;7.62 cm以上的主要用于抹灰面油漆。

毛刷的选用按使用的涂料来决定。油漆毛刷因为所用涂料黏度高，所以使用含涂料好的马毛制成的直筒毛刷和弯把毛刷；清漆毛刷因为清漆有一定程度的黏度，所以使用由羊毛、马毛、猪毛混合制成的弯把、平形、圆形毛刷；硝基纤维涂料毛刷因硝基纤维涂料干燥快，所以需要用含涂料好、毛尖柔软的羊毛、马毛制作，其形状通常是弯把和平形。因为油漆黏度特别强，所以油漆毛刷要扁平用薄板围在四周。水性涂料毛刷因为需要毛软和含涂料好，所以用羊毛制作最合适，也可用马毛制作，形状为平形，尤其是要有足够宽度。

(2)选择与保管。一是要无切剩下的毛及逆毛，将刷的尖端按在手上能展开，逆光看无逆毛；二要选毛口直齐、根硬、头软、毛有光泽、手感好；三是扎结牢固，敲打不掉毛。

刷子用完后，应将刷毛中的剩余涂料挤出，在溶剂中清洗两三次，将刷子悬挂在盛有溶剂或水的密封容器里，将刷毛全部浸在液面以下，但不要接触容器底部，以免变形。使用时，要将刷毛中的溶剂甩净擦干。若长期不用，必须彻底洗净，晾干后用油纸包好，保存于干燥处。

(3)油刷的使用。油刷一般采用直握的方法，手指不要超过铁皮，如图1—8所示。手要握紧，不得松动。操作时，手腕要灵活，必要时可把手臂和身体的移动配合起来。使用新刷时，要先把灰尘拍掉，并在1号木砂纸上磨刷几遍，将不牢固的鬃毛擦掉，并将刷毛磨顺磨齐。这样，涂刷时不易留下刷纹和掉毛。蘸油漆时不能将刷毛全部蘸满，一般只蘸到刷毛的2/3。蘸油漆后，要在油桶内边轻轻地把油刷两边各拍一二下，目的是把蘸起的涂料拍到鬃毛的头部，以免涂刷时涂料滴洒。在窗扇、门框等狭长物体上刷油时，要用油刷的侧面上油漆，上满后再用油刷的大面刷匀理直。涂刷不同的涂料时，不可同时用一把刷子，以免影响色调。使用过久的刷毛变得短而厚时，可用刀削其两面，使之变薄，还可再用。

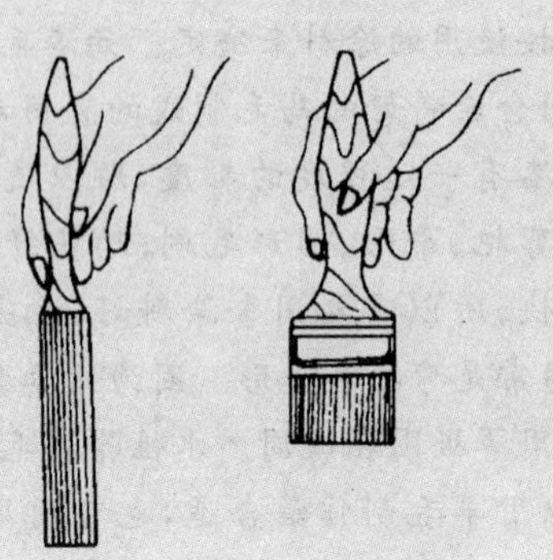

图 1—8　油刷使用示意图

2. 豆腐底两道广漆面施涂工艺

这种做法适用于涂饰于木器家具，其工艺比油色底广漆面施涂的质量要好。

(1)豆腐底两道广漆面施涂工序：木器白坯处理→白木染色→嵌批腻子→刷两道色浆→上头道广漆→水磨→上第二道广漆（罩光）。

刷漆要按基本操作要求步骤进行，每刷涂一个物件，必须从难到易，从里到外，从左到右，从上到下，逐一涂刷。

(2)豆腐底两道广漆面施工工艺要点，见表 1—10。

表 1—10　豆腐底两道广漆面施工工艺要点

工　序	施工工艺要点
白坯处理	对表面的木刺、油污、胶迹、墨线等清除干净，用 $1\frac{1}{2}$ 号木砂纸砂磨平整光滑
白木染色	通过处理后的物件。进行一次着木染色，材料用嫩豆腐和生血料加色配成。加色颜料根据色泽而定，如做金黄色可用酸性金黄，红色可用酸性大红，做铁红色可用氧化铁红，做红木色可用酸性品红等等。这些染料和颜料可用水溶解后加入嫩豆腐和血料内调配成稀糊状的豆腐色浆，用漆刷或排笔在处理好的白坯表面均匀地满涂一遍，顺木纹理通拔直

续上表

工　序	施工工艺要点
批嵌腻子	腻子用广漆或生漆和石膏粉加适量水调拌而成(做红木色用生漆调拌)。其配比用广漆或生漆∶石膏分∶水＝1∶(0.8～1)∶0.5。 腻子嵌、批有两种做法:(1)先满批后再嵌批,腻子一般批刮两遍,每遍干燥时间为24 h,砂磨后再批刮第二遍;(2)先调成稠硬腻子,先将大洞等缺陷处填嵌一遍,干燥后再满批。 通过两遍腻子的批刮,砂磨后的表面已达到基本平整,为了防止缺陷处腻子的收缩,再进行一次必要的找嵌,这样腻子的批嵌工作才算完成,然后用1号旧木砂纸砂磨,除去粉尘。 批嵌腻子的工具是牛角翘,大面积批刮用钢皮刮板。大漆腻子干燥后坚硬牢固,不易砂磨,在批刮时既要密实,又要收刮干净,不留残余腻子,否则会影响木纹的清晰度
刷第二道豆腐底色浆	这道色浆目的是统一色泽,使批嵌的腻子疤不明显。等色层干燥后,用旧1号木砂纸轻磨,去颜料颗粒杂质,达到光滑为度,然后抹去灰尘
上头道广漆	上漆必须厚薄均匀(涂布方法与广漆工艺相同)。头道漆干燥后,用400号水砂纸蘸肥皂水轻磨,将漆膜表面颗粒等杂质磨去。边沿、楞角等不得磨穿,如磨穿要及时补色,达到表面平滑,然后过水,用抹布揩净干燥
上二道广漆	二道漆称罩光漆,是整个工艺中最重要的一道工序,涂刷要求十分严格。涂刷时比头道漆略松些(厚些),选用的漆刷毛长而细,但必须刷涂均匀,不过楞、不皱、不漏刷,线角处不留积漆且涂面不留刷痕,完成后漆膜丰满光亮柔和

3. 退光漆(推光漆)磨退

(1)基层处理。退光漆磨退工艺的基层处理(打底)有以下三种方法:

1)油灰麻绒打底:嵌批腻子→打磨→褙麻绒→嵌批第二遍腻子→打磨→褙云皮纸→打磨→嵌批第三遍腻子→打磨→嵌批第四遍腻子→打磨。(褙:把布或纸一层一层地粘在一起)

打底子用料及操作要点,见表1—11。

表1—11　打底子用料及操作要点

工　序	操作要点
褙麻绒	用血料加10%的光油拌均匀后，涂满面层，满铺麻绒，轧实，褙整齐，再满涂血料油浆，渗透均匀后，再用竹制麻荡子拍打抹压，直至密实
褙云皮纸	在物面上均匀涂刷血料油浆，将云皮纸平整贴于物面，用刷子轻轻刷压。云皮纸接口宜搭接，第一层云皮纸贴好后，再用同样方法，粘贴第二层云皮纸，直至将物面全部封闭完后，再满刷油浆一遍
批腻子	对基层处理的嵌批腻子配料为：血料：光油：消解石灰＝1：0.1：1，将洞眼缝隙嵌实批平，再满批。 工序中有四次批腻子，要点：第二遍批腻子要稠些；第三遍批腻子可根据设计要求的颜色加入颜料，腻子可适量掺熟石膏粉；嵌批第四遍腻子，宜采用熟漆灰（熟漆：熟石膏粉：水＝1：0.8：0.4）腻子，重压刮批。如果气候干燥，应入窨房（地下室），保持相对湿度在70%～85%之间

2）油灰褙布打底：工序与上述基本相同，不同处为用夏布代替麻绒和云皮纸。

3）漆灰褙布打底：工序与上述基本相同，不同处是以漆灰代替血料油浆，以漆灰作压布灰。

（2）工序及操作工艺。基层面进行打底之后，可进行退光漆施涂、退磨。施涂、退磨工序及操作工艺见表1—12。

表1—12　退光漆施涂、退磨工序及操作工艺

序　号	工序名称	用料及操作工艺
1	刷生漆	用漆刷在已打磨、掸净灰尘的物面上薄薄均匀刷涂
2	打　磨	用220号水砂纸顺木纹打磨一遍磨至光滑，掸净灰尘
3	嵌批第五遍腻子	用生漆腻子满批一遍（生漆：熟石膏粉：细瓦灰：水＝3.6：3.4：7：4），表面应平整光滑
4	打　磨	用320号水砂纸蘸水打磨至平整光滑，随磨随洗。磨完后用水洗净，如有缺陷应用腻子修补平整
5	上　色	用不掉毛的排笔，顺木纹薄薄涂刷一层颜色

续上表

序　号	工序名称	用料及操作工艺
6	刷第一遍退光漆	用短毛漆刷蘸退光漆于物面上,用力纵横交叉反复推刷,要斜刷横刷、竖理,反复多次,使漆膜均匀。再用刮净余漆的漆刷,顺物面长方向轻理拨直出边。侧面、边角要理掉漆液流坠
7	打　磨	用400号水砂纸蘸肥皂水顺木纹打磨,边磨边观察,不能磨穿漆膜,磨至平整光滑。用水洗净,如发现磨穿处应修补,干后补磨
8	刷第二遍退光漆	同第一遍
9	破　粒	待二遍退光漆干后,用400号水砂纸蘸肥皂水将露出表面的颗粒磨破,使颗粒内部漆膜干透
10	打磨退光	用600号水砂纸蘸肥皂水精心轻轻短磨,磨到哪里眼看到哪里,观察光泽磨净程度,磨至不见星光。如出现磨穿要重刷退光漆,干燥后再重磨

(3)操作注意事项:

1)以上所讲的基层处理及施涂工序仅适用于木质横匾、对联及古建筑中的柱子。

2)从施涂的第一道工序起,应在保持70%～85%湿度的窨房内进行操作。

3)如用漆灰褙布打底,第一遍刷生漆可省去直接嵌批第五遍腻子。

4)上色使用配制的豆腐色浆系嫩豆腐加少量血料和颜料拌和而成,适用于红色或紫色底面,黄色可不上色。

4. 红木揩漆

(1)红木揩漆。红木制品给人高雅的感受,因其木质致密,多采用生漆揩擦,可获得木纹清晰、光滑细腻、红黑相透的装饰效果。红木揩漆工艺按木质可分为红木揩漆、香红木揩漆、杂木仿红木揩漆工艺。红木揩漆工序及操作工艺见表1—13。

表 1—13　红木揩漆工序及操作工艺

序号	工序名称	用料及操作工艺
1	基层处理	用 0 号木砂纸仔细打磨,对雕刻花纹的凹凸处及线脚等部位更应仔细打磨
2	嵌　批	用生漆石膏腻子满批,对雕刻花纹凹凸处要用牛尾抄漆刷满涂均匀
3	打　磨	用 0 号木砂纸打磨光滑,雕刻花纹也要磨到。掸净灰尘
4	嵌　批	同工序 2
5	打　磨	同工序 3
6	揩　漆	用牛尾刷将生漆刷涂均匀,再用漆刷反复横竖刷理均匀,小面积、雕刻花纹及线角处要面面俱到,薄厚一致,最后顺木纹揩擦,理通理顺
7	嵌　批	揩擦干后,再满批第三遍生漆腻子,腻子可略稀一些。同工序 2
8	打　磨	待三遍腻子干燥后,用巧叶子(一种带刺的叶子)干打磨,用前将巧叶子浸水泡软,在红木表面来回打磨,直至光滑、细腻为止
9	揩漆及打磨	揩漆工序同 6,干后用巧叶干打磨。方法同上。一般要揩漆 3～4 遍,达到漆膜均匀饱满、光滑细腻,色泽均匀,光泽柔和

(2)香红木揩漆。香红木采用揩漆饰面,涂饰效果类似红木揩漆。与红木揩漆所不同之处是上色工艺。在满批第一遍生漆石膏腻子干燥打磨后,要刷涂一遍"苏木水",待干燥后,过水擦干。在揩第一遍生漆并打磨后,再刷涂"品红水",干燥后,过水擦干。后续的揩漆工序与红木揩漆工序相同。

(3)仿红木揩漆。仿红木揩漆与红木揩漆工序相同。"仿"的关键在上色方面,仿红木揩漆要上三次色,每次上色后均要满批生漆石膏腻子。第一遍上色为酸性大红,第二遍、第三遍上色为酸性大红加黑粉(适量)。上色是仿红木的重要环节。

【技能要点2】硝基清漆施涂

1. 施工工序

基层处理→刷第一遍虫胶清漆→嵌补虫胶腻子→润粉→刷第二遍虫胶清漆→刷水色→刷第三遍虫胶清漆→拼色修色→刷、揩硝基清漆→用水砂纸湿磨→抛光。

2. 硝基清漆施涂的施工要点

(1)基层处理,见表1—14。

表1—14　基层处理

项　目	处理要求
清理基层	将木面上的灰尘掸去,刮掉墨线、铅笔线及残留胶液,一般的残留之物可用玻璃轻轻刮掉。白坯表面的油污可用布团蘸肥皂水或碱水擦洗,然后用清水洗净碱液。经过上述处理后,用1号或$1\frac{1}{2}$号砂纸干磨木面。打磨时,可将砂纸包着木块,顺木纹方向依次全磨
脱　色	使用脱色剂,只需将剂液刷到需要脱色原木材表面,经过20～30 min后木材就会变白,然后用清水将脱色剂洗净即可。常用的脱色剂为双氧水与氨水的混合液,其配合比(质量比)为:双氧水(30%浓度)∶氨水(25%浓度)∶水=1∶0.2∶1。 一般情况下木材不进行脱色处理,只有当涂饰高级透明油漆时才需要对木材进行局部脱色处理
除木毛	木材经过精刨及砂纸打磨后,已获得一定的光洁度,但有些木材经过打磨后会有一些细小的木纤维(木毛)松起,这些木毛一旦吸收水分或其他溶液,就会膨胀竖起,使木材表面变得粗糙,影响下一步着色和染色的均匀。 去除木毛可用湿法或火燎法。湿法是用干净毛巾或纱布蘸温水揩擦白坯表面,管孔中的木毛吸水膨胀竖起,待干后通过打磨将其磨除。火燎法可用喷灯或用排笔在白坯面上刷一道酒精,随即用火点着,木毛经火燎变得脆硬,便于打磨。用火燎法时切记加强防范,以免事故发生

(2)刷第一遍虫胶清漆。木面经过除木毛处理后，大部分木毛被除去，但往往会有少量木毛被压嵌在管孔中而不能除尽，需要进一步采取措施。在白坯面上刷头道虫胶清漆，漆中酒精快速蒸发后在面上干燥成膜，残余的木毛随着虫胶液的干燥而竖起，变硬变脆，这就为用砂纸打磨清除乍剩余木毛创造了有利条件。刷头道虫胶清漆的另一个重要作用是封闭底面。白坯表面有了这层封闭的漆膜，可降低木材吸收水分的能力，减少纹理表面保留的填孔料，为下道工序打好基础。

头道虫胶清漆的浓度可稀些，一般为1∶5。选用的虫胶清漆要顾及饰面对颜色的要求，浅色饰面可用白虫胶清漆。刷虫胶清漆要用柔软的排笔，顺着木纹刷，不要横刷，不要来回多理(刷)，以免产生接头印。刷虫胶清漆要做到不漏、不挂、不过楞、无泡眼，注意随手做好清洁工作。

待干燥后用0号木砂纸或已用过一次的旧砂纸，在刷过头道虫胶清漆的物面上顺木纹细心地全磨一遍，磨到即可，切勿将漆膜磨穿，以免影响质量。

(3)嵌补虫胶腻子。将木材表面的虫眼、钉眼、缝隙等缺陷用调配成与木基同色的虫胶腻子嵌补。考虑到腻子干后会收缩，嵌补时要求填嵌丰满、结实，要略高于物面，否则一经打磨将成凹状。嵌补的面要尽量小，注意不要嵌成半实眼，更不要漏嵌。待腻子干燥后用旧木砂纸将嵌朴的腻子打磨平整光滑，掸净尘土。

(4)润粉。润粉是为了填平管孔和物面着色。通过润粉这道工序，可以使木面平整，也可调节木面颜色的差异，使饰面的颜色符合指定的色泽。润粉所用的材料有水老粉和油老粉两种。

润粉要准备两团细软竹丝或洁净白色的精棉纱(不能用油回丝)，一团蘸润粉，一团最后揩净用。揩擦时可作圆状运动。将粉充分填入管孔内，趁粉尚未干燥前用干净的竹丝将多余的粉揩去。否则一旦粉干，再揩容易将管孔内的粉质揩掉，同时影响饰面色泽的均匀度。揩擦要做到用力大小一致，将粉揩擦均匀。当揩擦线条多的部位时，除将表面揩清外，要用铲刀将凹处的积粉剔除。润粉层干透后，用旧砂纸细细打磨，磨去物面上少许未揩净的余粉，掸扫干净。

(5)刷第二遍虫胶清漆。第二遍虫胶清漆的浓度为1∶4。刷漆时要顺着木纹方向由上至下、由左至右、由里到外依次往复涂刷均匀，不出现漏刷、流挂、过楞、泡痕。榫眼垂直相交处不能有明显刷痕，不能留下刷毛。漆膜干后要用旧砂纸轻轻打磨一遍，注意楞角及线条处不能砂白。

(6)刷水色。所谓刷水色，是把按照样板色泽配制好的染料刷到虫胶漆涂层上。

大面积刷水色时，先用排笔或漆刷将水色涂满到物面上，然后漆刷横理，再顺木纹方向轻轻收刷均匀，不许有刷痕，不准有流挂、过楞现象。小面积及转角处刷水色时，可用精回丝揩擦均匀。当上色过程中出现颜色分布不均或刷不上色时(即"发笑")，可将漆刷在肥皂上来回摩擦几下，再蘸水色涂刷，即可消除"发笑"现象。

刷过水色的物面要注意防止水或其他溶液的溅污，也不能用湿手(或汗手)触摸，以免破坏染色层，造成不必要的返工。

(7)刷第三遍虫胶清漆。与刷第二遍虫胶清漆的方法相同。

(8)拼色、修色。经过润粉和刷水色，物面上会出现局部颜色不均匀的毛病。其原因一方面是由于木材本身的色泽可能有差异，另一方面涂刷技术欠佳也会造成色差。色差需要调整，修整色差这道工序称为拼色。

拼色时，先要调配好含有着色颜料和染料的酒色，用小排笔或毛笔对色差部位仔细地修色。拼色需要有较高的技巧，只有经过较长时间的经验积累，才能熟练掌握拼色技术。修色时用力要轻，结合处要自然。对一些钉眼缺陷等腻子疤色差的用小毛笔修补一致，使整个物面成色统一。

拼色后的物面待干燥后同样要用砂皮细磨一遍，将粘附在漆膜上的尘粒和笔毛磨去。注意打磨要轻，不要损坏漆膜。

(9)刷、揩硝基清漆。

1)刷涂硝基清漆。在打磨光洁的漆膜上用排笔涂刷两遍或两遍以上硝基清漆。刷漆用的排笔不能脱毛，操作方法与刷虫胶清漆相同。注意硝基清漆挥发性极快，如发现有漏刷，不要忙着去补，可在刷下一道漆时补刷。垂直涂刷时，排笔蘸漆要适量，以免产生流挂，对脱毛要及时清除，刷下一道漆应待上道漆干燥后方可进行。

2)揩涂硝基清漆。为了使硝基清漆漆膜平整光滑，光用涂刷是不够的，还需要在涂刷后进行几次的揩涂。揩涂使用的工具是棉花团，它是用普通棉花或尼龙丝裹上细布或纱布而成。用普通棉花做成的棉花团的弹性不如用尼龙丝做的棉花团弹性好。尼龙丝做的棉花团不易黏结变硬，揩涂质量好，能长期使用。

棉花团做法简单，只要裁一块 25 cm 见方的白纱布或白细布，中间放一团旧尼龙丝(要干净，不能含有杂物)，将布角折叠，提起拧紧即成。一个棉花团只能蘸一种涂料，棉花团使用后要放到密封器中，保持干净，不要干结，以利再用。

用棉花团揩涂硝基漆的形式有横涂、理涂、圈涂三种。

揩涂硝基漆时应注意以下几点：

①每次揩涂不允许原地多次往复，以免损坏下面未干透的漆膜，造成咬起底层。

②移动棉花球团切忌中途停顿，否则会溶解下面的漆膜。

③用力要一致，手腕要灵活，站位要适当。

当揩涂最后一遍时，应适当减少圈涂和横涂的次数，增加直涂的次数，棉花球团蘸漆量也要少些。最后 4～5 次揩涂所用的棉花球团要改用细布包裹，此时的硝基漆要调得稀些，而揩涂时的压力要大而均匀，要理平、拔直，直到漆膜光亮丰满，理平见光工艺至此结束。为保证硝基漆的施工质量，操作场地必须保持清洁，并尽量避免在潮湿天气或寒冷天施工，防止泛白。

(10)用水砂纸湿磨。为了提高漆膜的平整度、光洁度，先用水砂纸湿磨，然后再抛光，使漆膜具有镜面般的光泽。

湿磨时可加少量肥皂水砂磨，因肥皂水润滑性好，能减少漆尘的粘附，保持砂纸的锋利，效果也比较好。

手工进行水砂纸打磨的操作方法与白坯相仿。先用清水将物面揩湿，涂一遍肥皂水，用400号水砂纸包着木块顺纹打磨，消除漆膜表面的凹凸不平，磨平棕眼，后用600号水砂纸细磨，然后用清水洗净揩干。经过水砂纸打磨后的漆膜表面应是平整光滑，显文光，无砂痕。

(11)抛光漆膜。经过水砂纸湿磨后，会使漆面现出文光，必须经过抛光这道工序，才能达到光亮。手工抛光一般分三个步骤：

1)擦砂蜡。用精回丝蘸砂蜡，顺木纹方向来回擦拭，直到表面显出光泽。但不能长时间在一个局部地方擦拭，以免因摩擦产生过高热量将漆膜软化受损。

2)擦煤油。当漆膜表面擦出光泽时，用回丝将残留的砂蜡揩净，再用另一团回丝蘸上少许煤油顺相同方向反复揩擦，直至透亮，最后用干净精回丝揩净。

3)抹上光蜡。用清洁精回丝涂抹上光蜡，随即用清洁精回丝揩擦，此时漆膜会变得光亮如镜。

3. 清漆涂饰的质量要求

清漆涂饰的质量要求和检验方法，见表1—15。

表1—15　清漆涂饰的质量要求和检验方法

项次	项　目	普通涂饰	高级涂饰	检验方法
1	颜　色	基本一致	均匀一致	观　察
2	木　纹	棕眼刮平、木纹清楚	棕眼刮平、木纹清楚	观　察
3	光泽、光滑	光泽基本均匀 光滑无挡手感	光泽均匀一致光滑	观察、手摸检查
4	刷　纹	无刷纹	无刷纹	观　察
5	裹棱、流坠、皱皮	明显处不允许	不允许	观　察

4. 成品保护

(1)涂刷门窗油漆时，为避免扇框相合粘坏漆皮，要用梃钩或木楔将门窗扇固定。

(2)无论是刷涂还是喷涂，为防油漆越界污染均应做好对不同色调、不同界面的预先遮盖保护。

(3)为防止五金污染，除了操作要细和及时将小五金等污染处清理干净外，应尽量后装门锁、拉手和插销等(但可以事先把位置和门锁孔眼钻好)，确保五金洁净美观。

清漆的种类

1. 酚醛清漆

是由松香改性酚醛树脂与干性油熬炼，加催干剂和200号溶剂汽油或松节油作溶剂制成的长油度清漆。

(1)其耐水性比酯胶清漆好，但容易泛黄。

(2)主要适用于普通、中级家具罩光和色漆表面罩光。

2. 酯胶清漆

是由干性油和甘油松香加热熬炼后，加入200号溶剂汽油或松节油调配制成的中、长油度清漆。

(1)其漆膜光亮、耐水性较好，但次于酚醛清漆，有一定的耐候性。

(2)适用于普通家具罩光。

3. 醇酸清漆

是由干性油改性的中油度醇酸树脂溶于松节油或200号溶剂、汽油与二甲苯的混合溶剂中，并加适量催干剂制成。

(1)其漆的附着力、耐久性比酯胶清漆和酚醛清漆都好，能自干，耐水性次于酚醛清漆。

(2)适用于室内外木器表面和作醇酸磁漆表面罩光用。

4. 过氯乙烯木器清漆

是由过氯乙烯树脂、松香改性酚醛树脂、蓖麻油松香改性醇酸树脂等分别加入增韧剂、稳定剂、酯、酮、苯类溶剂制成。

(1)其干燥较快，耐火，保光性好，漆膜较硬，可打蜡抛光，耐寒性也较好。

(2)供木器表面涂刷用。

5. 硝基木器清漆

是由硝化棉、醇酸树脂、改性松香、增韧剂、酯、酮、醇、苯类溶剂组成。

(1)漆膜具有很好的光泽，可用砂蜡、光蜡抛光，但耐候性较差。

(2)适用于中、高级木器表面、木质缝纫机台板、电视机、收音机等木壳表面涂饰。

6. 过氯乙烯清漆

是由过氯乙烯树脂与氯族苯等增韧剂、酯、酮、苯类溶剂制成。

(1)其干燥快、颜色浅、耐酸碱盐性能好，但附着力差。

(2)适用于化工设备管道表面防腐及木材表面防火、防腐、防霉用。

7. 硝基内用清漆

由低黏度硝化棉、甘油、松香酯、不干性醇酸、树脂、增韧剂、酯、醇、苯等溶剂组成。

(1)漆膜干燥快，有较好的光泽，但户外耐久性差。

(2)适用于室内木器涂饰，也可供硝基内用磁漆罩光。但不宜打蜡抛光，适宜做理光工艺。

8. 丙烯酸木器漆

主要成膜物质是甲基丙烯酸不饱和聚酯和甲基丙烯酸酯改性醇酸树脂，使用时按规定比例混合，可在常温下固化。漆膜丰满，光泽好，经打蜡抛光后，漆膜平滑如镜，经久不变。

(1)漆膜坚硬，附着力强，耐候性好，固体含量高。

(2)适用于中高级木器涂饰。

9. 聚氨酯清漆

有甲、乙两个组分：乙组分是由精制蓖麻油、甘油松香与邻苯二甲酸酐缩聚而成的羟基树脂；甲组分由羟基聚酯和甲苯二异氰酸酯的预聚物组成。

(1)其附着力强,坚硬耐磨,耐酸碱性和耐水性好,漆膜丰满、平滑光亮。

(2)适用于木器家具、地板、甲板等涂饰。

【技能要点 3】各色聚氨酯磁漆施涂

1. 施工工序

基层处理→施涂底油→嵌批石膏油腻子两遍及打磨→施涂第一遍聚氨酯磁漆及打磨→复补聚氨酯磁漆腻子及打磨→施涂第二、三遍聚氨酯磁漆→打磨→施涂第四、五遍聚氨酯磁漆(刷亮工艺罩面漆)→磨光→施涂第六、七遍聚氨酯磁漆(磨退工艺罩面漆)→磨退→抛光→打蜡。

2. 施工要点

(1)基层处理。与常见基层的处理方法相同,要求平整光滑。

(2)施涂底油。基层处理后,可用醇酸清漆∶松香水=1∶2.5涂刷底油一遍。该底油较稀薄,故能渗透进木材内部,起到防止木材受潮变形,增强防腐作用,并使后道的嵌批腻子及施涂聚氨酯磁漆能很好地与底层黏结。

(3)嵌批腻子及打磨。待底油干透后嵌批石膏油腻子两遍。石膏油腻子干透后,应用 1 号木砂纸打磨,将木面打磨平整,掸抹干净。

(4)施涂第一遍聚氨酯磁漆及打磨。各色聚氨酯磁漆由双组分即甲、乙组分组成,使用前必须将两组分按比例调配,混合后必须充分搅拌均匀,其配方应仔细阅读说明书。调配时应按所需量进行配制,否则,用不完会固化而造成浪费。施涂工具可用油漆刷或羊毛排笔。施涂时先上后下,先左后右,先难后易,先外后里(窗),要涂刷均匀,无漏刷和流挂等。

待第一遍聚氨酯磁漆干燥后,用 1 号木砂纸轻轻打磨,以磨掉颗粒,使不伤漆膜为宜。

(5)复补聚氨酯磁漆腻子及打磨。表面如还有洞缝等细小缺陷就要用聚氨酯磁漆腻子复补平整,干透后用 1 号木砂纸打磨平整，并掸抹干净。

(6)施涂第二、三遍聚氨酯磁漆。施涂第二、三遍聚氨酯磁漆的操作方法同前。待第二遍磁漆干燥后也要用1号木砂纸轻轻打磨并掸干净后，再施涂第三遍聚氨酯磁漆。

(7)打磨。待第三遍聚氨酯磁漆干燥后，要用280号水砂纸将涂膜表面的细小颗粒和油漆刷毛等打磨平整、光滑，并揩抹干净。

(8)施涂第四遍聚氨酯磁漆。施涂物面要求洁净，不能有灰尘，排笔和盛漆的容器要干净。施涂第四遍聚氨酯磁漆的方法与上几次基本相同，施涂要求达到无漏刷、无流坠、无刷纹、无气泡。

各色聚氨酯磁漆刷亮，整个操作工艺到此就完成。如果是各色聚氨酯磁漆磨退工艺，还要增加以下工序。

(9)磨光。待第四遍聚氨酯磁漆干透后，用280～320号水砂纸打磨平整，打磨时用力要均匀，要求把大约80%的光磨倒，打磨后揩净浆水。

(10)施涂第五、六遍聚氨酯磁漆。涂刷第五、六遍聚氨酯磁漆磨退工艺的最后两遍罩面漆，其涂刷操作方法同上。同时，也要求第六遍面漆是在第五遍漆的涂膜还没有完全干燥透的情况下接连涂刷，以利于涂膜丰满平整，在磨退中不易被磨穿和磨透。

(11)磨退。待罩面漆干透后用400～500号水砂纸蘸肥皂水打磨，要求用力均匀，达到平整、光滑、细腻，把涂膜表面的光泽全部磨倒，并揩抹干净。

(12)打蜡、抛光。其操作方法与聚氨酯清漆的打蜡抛光方法相同。

3. 施工注意事项

(1)使用各色聚氨酯磁漆时，必须按规定的配合比来调配，并应注意在不同的施工操作或环境气候条件下，适当调整甲、乙组分的用量。

(2)调配各色聚氨酯磁漆时，甲、乙组分混合后，应充分搅拌均匀，需要静置15～20 min，待小泡消失后才能使用。同时要正确估算用量，避免浪费。

(3)涂刷要均匀，宜薄不宜厚，每次施涂、打磨后，都要清理干净，并用湿抹布揩抹干净，待水渍干后才能进行下道工序操作。

(4)施工时湿度不能太大，否则易产生泛白失光。

4. 各色聚氨酯磁漆涂饰质量要求

各色聚氨酯磁漆的涂饰质量和检验方法应符合表1—16的规定。

表1—16 各色漆氨酯磁漆的涂饰质量和检验方法

项次	项 目	普通涂饰	高级涂饰	检验方法
1	颜 色	均匀一致	均匀一致	观 察
2	光泽、光滑	光泽基本均匀光滑无挡手感	光泽均匀一致	观察、手摸检查
3	刷 纹	刷纹通顺	无刷纹	观 察
4	裹棱、流坠、皱皮	明显处不允许	不允许	观 察
5	装饰线、分色线直线度允许偏差	2 mm	1 mm	拉5 m线，不足5 m拉通线，用钢直尺检查

【技能要点4】喷漆施涂

1. 喷漆的特点

喷漆施工工艺的特点是涂膜光滑平整，厚薄均匀一致，装饰性极好，在质量上是任何施涂方法所不能比拟的。同时它适用于不同的基层和各种形状的物面，对于被涂物面的凹凸、曲折倾斜、洞缝等复杂结构，都能喷涂均匀。特别是对大面积或大批量施涂，喷漆可以大大提高工效。

但喷漆也有不足：喷涂时易浪费一部分材料；一次不能喷得过厚，而需要多次喷涂；飘散的溶剂，易污染环境。

2. 施工工序

基层处理→喷涂第一遍底漆→嵌批第一、二遍腻子及打磨喷涂第二遍底漆→嵌批第三遍腻子及打磨→喷涂第三遍底漆及打磨→喷涂二至三遍面漆及打磨→擦砂蜡→上光蜡。

3. 施工要点

喷漆施工要点，见表1—17。

表1—17　喷漆施工要点

工　序	施工要点
基层处理	这里详细介绍金属面的基层处理。 金属面的基层处理，可分为手工处理，化学处理和机械处理三种，建筑工程上普通采用的是手工处理方法。 (1)手工处理是用油灰刀和钢丝刷将物面上的锈纹、氧化层及残存铸砂刮擦干净，用铁锤将焊缝的焊渣敲掉。再用1号铁砂布全部打磨一遍，把残余铁锈全部打磨干净，并将铁锈、焊渣、灰尘及其他污物掸扫干净，然后用汽油或松香水清洗，将所有的油污擦洗干净。 (2)化学处理是使酸溶液与金属氧化物发生化学反应，使氧化物从金属表面脱落下来，从而达到除锈的目的。一般是用15%～20%的工业硫酸和80%～85%清水混合配成稀硫酸溶液。配制时应注意，要把硫酸倒入水中，而不能把水倒入硫酸中，否则会引起爆炸。然后将金属构件放入硫酸溶液中浸泡约10～20 min，直至彻底除锈。取出后用清水冲洗干净，再用10%浓度的氨水或石灰水浸泡一次，进行中和处理，再用清水洗净，晾干待涂。 (3)机械处理常用的工具有喷砂、电动刷、风动刷、铲枪等。喷砂是用压缩空气用石英砂喷打物面，将锈皮、铸砂、氧化层、焊渣除净，再清洗干净。这种处理方法比手工处理好，因物面经喷打后呈粗糙状，能增强底漆的附着力。 而电动刷是由钢丝刷盘和电动机两部分组成，风动刷是由钢丝刷盘和风动机两部分组成，它们的不同只是风力与电力的区别。这种工具是借助于机械力的冲击和摩擦，达到去除锈蚀和氧化铁皮的目的，它同手工钢丝刷相比，其除锈质量好，工效高。锈枪也是风动除锈工具，对金属的中锈和重锈能起到较好的除锈效果。它的作用同手工油灰刀相似，但能提高了工效和质量
喷涂第一遍底漆	喷漆用的底漆种类很多，有铁红醇酸底漆、锌黄酚醛底漆、灰色酯胶底漆、硝基底漆等多种。其中醇酸底漆具有较好的附着力和防锈能力，而且与硝基清漆的结合性能也比较好；对稀释剂的要求不高，一般的松香水、松节油都可用；不论施涂或喷涂都可使用，而且在一般常温下经12～24 h干燥，故宜优先选用。

续上表

工 序	施工要点
喷涂第一遍底漆	喷漆用的底漆都要稀释。在没有黏度计测定的情况下，可根据漆的重量掺入100%的稀释剂，以使漆能顺利喷出为准，但不能过稀或过稠，因为过稀会产生流坠现象，而过稠则易堵塞喷枪嘴。不同喷漆所用的稀释剂不同，醇酸底漆可用松香水等稀释，而硝基纤维喷漆要用香蕉水稀释。掺稀调匀后要用120目铜丝箩或200目细绢箩过滤，除去颗粒或颜料细粒等杂物，以免在喷涂时阻塞喷嘴孔道，或造成涂层粗糙不平，影响涂膜的平整和光亮度，还浪费人工和材料，影响下道工序的顺利进行。 喷漆时喷枪嘴与物面的距离应控制在250～300 mm之间，一般喷头遍漆时要近些，以后每道要略为远些。气压应保持在0.3～0.4 MPa之间，喷头遍后逐渐减低；如用大喷枪，气压应为0.45～0.65 MPa。操作时，喷出漆雾方向应垂直物体表面，每次喷涂应在前已喷过的涂膜边缘上重叠喷涂，以免漏喷或结疤
嵌批第一、二遍腻子及打磨	喷漆用的腻子是由石膏粉、白厚漆、熟桐油、松香水等组成，其配合比为3∶1.5∶1∶0.6，调配时要加适量的水和液体催干剂。水的加入量应根据石膏材料的膨胀性、施工环境气温的高低、嵌批腻子的对象和操作方法等条件来决定。如空气干燥、温度高时可多加；环境潮湿或气温较低时少加，总之必须满足可塑性良好、干燥后干硬度较好的要求。而使用催干剂必须按季节、天气和气温来调节，一般用量不得超过桐油和厚漆重量的2.5%。 配制腻子时，应随用随配，不能一次配得太多，以免多余的腻子因迅速干燥而浪费掉。嵌批腻子时，平面处可采用牛角翘或油灰刀，曲面或楞角处则采用橡皮批板嵌批。喷漆工艺的腻子不能来回多刮，多刮会把腻子内的油挤出，把腻子面封住，使腻子内部不易干硬。 第一遍腻子嵌批时，不要收刮平整，应呈粗糙颗粒状，这样可以加快腻子内水分和油分的蒸发，容易干硬。第一遍腻子干透后，先用油灰刀刮去表面不平处和腻子残痕，再用砂纸打磨平整并掸扫干净。接着批第二遍腻子，这遍腻子要调配得比第一遍稀些，以使嵌批后表面容易平整。干后再用砂纸打磨并掸扫干净。嵌批腻子时底漆和上道腻子必须充分干燥，因腻子刮在不干燥的底漆或腻子上，容易引起龟裂和气泡。当底漆因光度太大，而影响腻子附着力时，可用砂纸磨去漆面光度。如果嵌批时间过长，或天热气温高，腻子表面容易结皮，那么，可用布或纸在水中浸湿盖住腻子

续上表

工　序	施工要点
喷涂第二遍底漆	第二遍底漆要调配得稀一些,以增加后道腻子的结合能力
嵌批第三遍腻子及打磨	待第二遍底漆干后,如发现还有细小洞眼,则须用腻子补嵌。腻子也要配得稀一些,以便补嵌平整。腻子干后用水砂纸打磨平整,清洗干净
喷涂第三遍底漆及打磨	喷涂操作要点同前,干后用水砂纸打磨,再用湿布将物面擦净揩干
喷涂二至三遍面漆及打磨	每一遍喷漆包括横喷、直喷各一遍。喷漆在使用时同底漆一样,也要稀释,第一遍喷漆黏度要小些,以使涂层干燥得快,不易使底漆或腻子粘起来,第二、三遍喷漆黏度可大些,以使涂层显得丰满。每一遍喷漆干燥后,都要用320号木砂纸打磨平整并清洗干净。最后还要用400～500号水砂纸打磨,使漆面光滑平整无挡手感,然后擦砂蜡
擦砂蜡	在砂蜡内加入少量煤油,调配成糨糊状,再用干净的棉纱和纱布蘸蜡往漆面上用力摩擦,直到表面光亮一致无极光。然后用干净棉纱将残余砂蜡收揩干净
上光蜡	用棉纱头将光蜡敷于物面,并要求全敷到,然后用绒布擦拭,直到出现闪光为止

4. 操作注意事项

(1)用凡士林、黄油把喷漆物件上的电镀品、玻璃、五金等不需喷漆部位涂盖,或用纸贴盖,如不小心将喷漆涂上要马上揩擦干净。此外凡士林、黄油也不能粘到需要喷漆的地方,否则会使涂膜黏结不牢而脱落,影响质量和美观。

(2)为避免涂膜脱落,则腻子面和喷漆面一定要保持清洁,不得沾上油污,或用油手抚摸。

(3)为避免在潮湿环境下喷漆而发白的状况,可在喷漆内加防潮剂,但用量不得过大,一般是涂料内稀释剂的5%～15%。如喷漆的物面已有发白现象,则可用稀释剂加防潮剂薄喷一遍,即可消除发白现象。

(4)喷漆用的气泵要有触电保护器,压力表要经过计量检定合格并在有效期内。

(5)喷漆时要戴口罩,穿工作服等。

【技能要点5】金属面色漆施涂

1. 金属表面施涂色漆的主要工序,见表1—18。

表1—18 金属表面施涂色漆的主要工序

序号	工序名称	普通油漆	中级油漆	高级油漆
1	除锈,清扫、磨砂纸	+	+	+
2	刷涂防锈漆	+	+	+
3	局部刮腻子	+	+	+
4	打　磨	+	+	+
5	第一遍刮腻子		+	+
6	打　磨		+	+
7	第二遍刮腻子			+
8	打　磨			+
9	第一遍刷漆	+	+	+
10	复补腻子			+
11	打　磨			+
12	第二遍刷漆	+	+	+
13	打　磨		+	+
14	湿布擦净		+	+
15	第三遍刷漆		+	+
16	打磨(用水砂纸)			+
17	湿布擦净			+
18	第四遍刷漆			+

注:1. 薄钢板屋面、檐沟、水落管、泛水等施涂油漆,可不刮腻子。施涂防锈漆不得少于两遍。

2. 高级油漆磨退时,应用醇酸树脂漆施涂,并根据涂膜厚度增加1～3遍涂刷和磨退、打砂蜡、打油蜡、擦亮的工序。

3. 金属构件和半成品安装前,应检查防锈漆有无损坏,损坏处应补刷。

4. 钢结构施涂油漆,应符合《钢结构工程施工质量验收规范》(GB 50205—2001)的有关规定。

5. "+"表示应进行的工序。

色漆的种类

1. 各色酚醛地板漆

是由中油度酚醛漆料、体质颜料、铁红等着色颜料经研磨，加催干剂、200号溶剂汽油等制成。

(1)漆膜坚韧、平整光亮，耐水、耐磨性好。

(2)适用于木质地板或钢质甲板。

2. 各色醇酸磁漆

是由中油度醇酸树脂、催干剂、颜料、有机溶剂制成。

(1)漆膜平整光亮、坚韧、机械强度和光泽度好，保光保色，耐水性次于酚醛清漆，耐候性均优于酚醛磁漆。

(2)适用于室内各种木器涂饰。

3. 各色过氯乙烯磁漆

是由过氯乙烯树脂、醇酸树脂、颜料、增韧剂和酯、酮、苯类溶剂制成。

(1)其干燥较快，漆膜光亮，色泽鲜艳，能打磨，耐候性好。

(2)适用于航空、金属、织物及木质表面用漆。

4. 各色油性调和漆

是由干性油、颜料、体质颜料经研磨后加催干剂、200号溶剂汽油或松节油制成。

(1)比酯胶调和漆耐候性好，但干燥慢、漆膜较软。

(2)适用于室内外木材、金属和建筑物等表面涂饰。

5. 各色酚醛调和漆

是由长油度松香改性酚醛树脂与着色颜料、体质颜料经研磨后，加催干剂、200号溶剂汽油制成。

(1)漆膜光亮、色泽鲜艳。

(2)适用于室内外一般金属和木质物体等的不透明涂饰。

6. 各色环氧磁漆。

是由环氧树脂色浆与乙二胺(或乙二胺加成物)双组分按比例混合而成。

(1)其附着力、耐油耐碱、抗潮性能很好。

(2)适用于大型化工设备、储槽、储管、管道内外壁涂饰,也可用于混凝土表面。

7. 各色丙烯酸磁漆

是由甲基丙烯酸酯、甲基丙烯酸、丙烯酸共聚树脂等分别加入颜料、增韧剂、氨基树脂、酯、酮、醇、苯类溶剂制成。

(1)具有良好的耐水、耐油、耐光、耐热等性能。

(2)可在 150 ℃左右长期使用,供轻金属表面涂饰。

8. 各色过氯乙烯防腐漆

是由过氯乙烯树脂、醇酸树脂、颜料、增韧剂和酯、酮、苯类溶剂制成。

(1)具有优良的耐酸、耐碱、耐化学性。

(2)常用于化工机械、管道、建筑五金、木材及水泥表面的涂饰,以防止酸、碱等化学药品及有害气体的侵蚀。

2. 钢门窗施涂

(1)工序及施涂工艺。钢门窗普通级、中级色漆施涂工艺,见表 5—19。

表 1—19 钢门窗色漆涂饰工艺

序号	工序名称	材 料	操作工艺
1	处理基层	—	清除表面锈蚀、灰尘、油污、灰浆等污物,有条件亦采用喷砂法
2	施涂防锈漆	防锈漆	施涂工具的选用视物面大小而定。掌握适当的刷涂厚度,涂层厚度应一致
3	嵌批腻子	石膏粉:熟桐油=4:1或醇酸腻子:底漆:水=10:7:45	将砂眼、凹坑、缺棱、拼缝等处嵌补平整,腻子稠度适宜

续上表

序号	工序名称	材料	操作工艺
4	打　磨	1号砂纸	腻子干透后进行打磨，然后用湿布将浮粉擦净
5	满批腻子	同工序3用材料	要刮得薄而均匀。腻子要收干净，平整无飞刺
6	打　磨	1号砂纸	腻子干后打磨，注意保护棱角，表面光滑平整、线角平直
7	刷第一遍油漆	铅油或醇酸无光调和漆	操作方法与用色漆施涂木门窗同
8	复补腻子	同工序3用材料	对仍有缺陷处批平
9	打　磨	1号砂纸	同工序4
10	装玻璃	—	—
11	刷第二遍油	铅油	同工序7
12	清洁玻璃打磨	1号砂纸或旧砂纸	将玻璃内外擦净，不要将漆膜磨穿
13	刷最后一道漆	调和漆	多刷、多理、涂刷均匀。涂刷油灰部位时应盖过油灰1～2 mm以利于封闭，涂刷完毕后应将门窗固定好

注：普通级油漆工程少剧一遍漆，不满批腻子。

(2)操作注意事项：

1)刷涂防锈漆保持适量的厚度。铁红防锈漆取0.05～0.15 mm，红丹防锈漆取0.15～0.23 mm。

2)防锈漆干后(约24 h)，用石膏油腻子嵌补拼接不平处。嵌补面积较大时，可在腻子中加入适量厚漆或红丹粉，提高腻子干硬性。

3)在防锈漆上涂刷一层磷化底漆以使金属面油漆有较好的附着力。

磷化底漆配制比例为底漆∶磷化液＝4∶1(磷化液用量不能增减)，混合均匀。

磷化液的配比为工业磷酸：氧化锌：丁醇：酒精：清水＝70：5：5：10：10 刷涂磷化底漆以薄为宜。

3. 镀锌铁皮面施涂

(1) 工序及施涂工艺。镀锌铁皮面施涂色漆工艺，见表1—20。

表 1—20　镀锌铁皮面施涂色漆工艺

序号	工序名称	材　料	操作工艺
1	处理基层	—	用抹布纱头蘸汽油擦去油污 用 3 号铁砂布打磨，用重力，均匀地把表面磨毛、磨粗
2	刷磷化底漆一遍	—	宜用油漆刷涂刷，涂膜宜薄，均匀，不漏刷
3	刷锌黄醇酸底漆一遍	—	同工序 2
4	嵌批腻子	石膏粉：熟桐油＝4：1(适量掺入锌黄醇底漆)	操作方法与钢门窗嵌批腻子相同
5	打　磨	1 号砂纸	用力均匀，不易过大，要磨全磨到，复补刮腻子在打磨后进行
6	刷涂面漆	铝灰醇酸磁漆	深色应刷涂二遍，浅色刷涂三遍，涂膜厚度均匀，颜色一致

(2)操作注意事项为保证质量标准，调配好的磷化底漆，需存放 30 min 经化学反应后才能使用。

磷化化底漆应在干燥的天气刷涂，因为潮湿天气涂刷时，涂膜发白，附着力差。

第四节　涂料施工技术

【技能要点 1】喷涂

1. 喷涂的特点

喷涂是以压缩空气等作为动力、利用喷涂工具将涂料喷涂到物面上的一种施工方法。喷涂生产效率高、适应性强，特别适合于大面积施工和非平面物件的涂饰，保证饰面的凹凸、曲线、细孔等部位涂布均匀。常用的有内墙多彩喷涂和内外墙面彩砂喷涂。

2. 内墙多彩喷涂

喷涂用的喷枪是一种专用喷枪。内墙多彩涂料由磁漆相和水相两大部分组成。其中磁漆相包括有硝化棉、树脂及颜料；水相有水和甲基纤维素。将不同颜色的磁漆相分散在水中，互相混合而不相溶，外观呈现出各种不同颜色的小颗粒，成为一种新型的多彩涂料，喷涂到墙面上形成一层多色彩的涂膜。所以多彩内墙涂料是近年来发展起来的一种新型涂料。其喷涂所用工具是一种专用喷枪。

喷枪

1. 喷枪的种类

(1)按混合方式分类。

按照涂料与压缩空气的混合方式不同分为内部混合型和外部混合型两种喷枪，如图 1—9 所示。

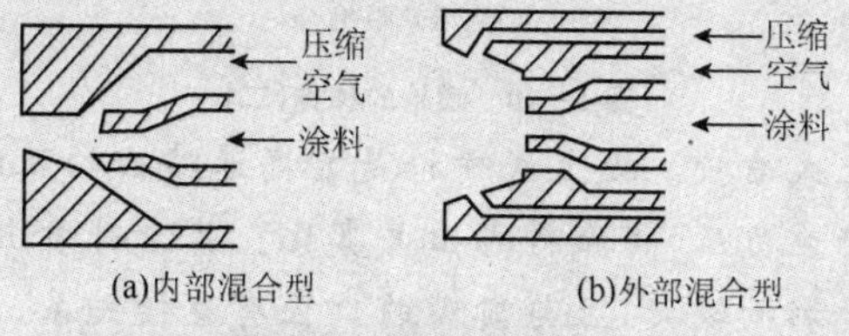

图 1—9　喷枪的种类(一)

1)内混式喷枪：涂料与空气在空气帽内侧混合，然后从空气帽中心孔喷出扩散、雾化。适用于高黏度、厚膜型涂料，也适用于胶黏剂、密封胶等。

2)外混式喷枪：涂料与空气在空气帽和涂料喷嘴的外侧混合。适用于黏度不高、易流动、易雾化的各种涂料。

(2)按涂料供给方式分类。

按供给方式分吸上式、重力式和压送式三种喷枪，如图 1—10所示。

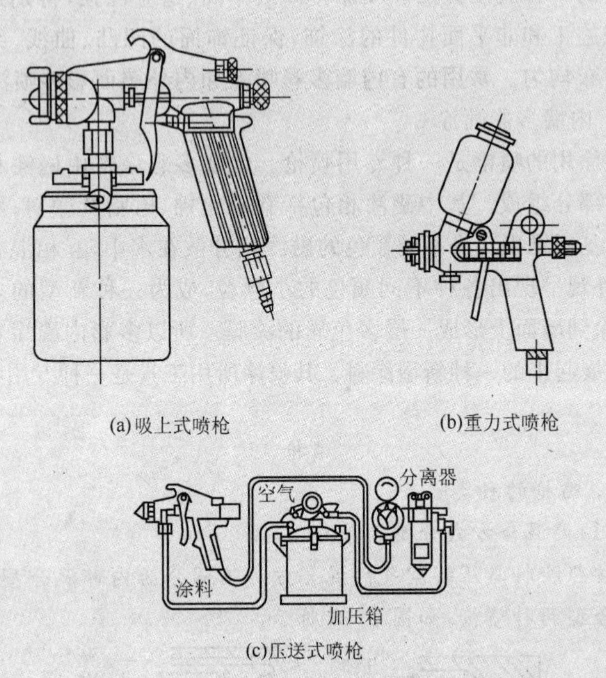

(a)吸上式喷枪　(b)重力式喷枪

(c)压送式喷枪

图 1—10　喷枪的种类(二)

1)吸上式喷枪。吸上式喷枪是靠高速喷出的压缩空气,使喷嘴前端产生负压,将涂料吸出并雾化。其涂料喷出量受涂料黏度和密度影响较大,且与喷嘴的口径有直接关系。吸上式喷枪适用于小批量非连续性生产及修补漆使用。

2)重力式喷枪。重力式喷枪涂料靠其自身的重力与喷嘴前端负压的作用,涂料与空气混合雾化。这种喷枪的涂料罐均较小,适用于涂料用量少与换色频繁的作业场合。

2. 喷枪的基本构造

喷枪由枪头、调节部件、枪体三部分组成,其整体构造,如图3—11 所示。

枪头:枪头由空气帽、喷嘴、针阀等组成。

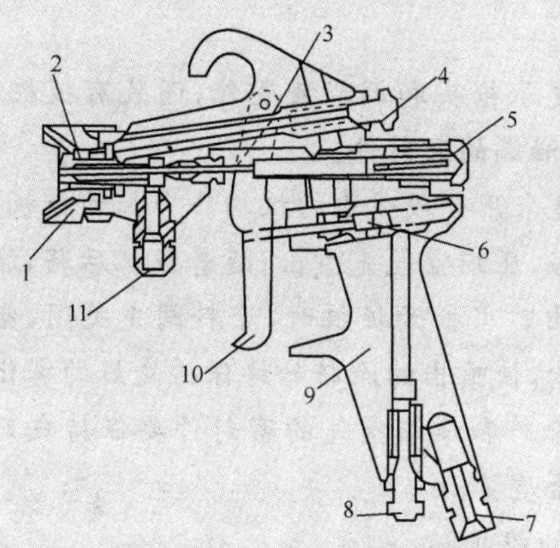

图1—11　喷枪整体构造

1—空气帽；2—涂料喷嘴；3—针阀；4—喷雾图形调节旋钮；
5—涂料喷出量调节旋钮；6—空气阀；7—空气管接头；
8—空气量调节装置；9—枪身；10—板机；11—涂料管接头

3. 喷枪的调节装置

(1)空气量的调节装置。

旋转喷枪手柄下部的空气调节螺栓，就可以调节喷头喷出的空气量和压力。一般喷枪前的空气管路上都装有减压阀，用于调整合适的喷涂空气压力。

(2)涂料喷出量的调节装置。

旋转枪针末端的螺栓就可以调节涂料喷出的大小。扣动扳机枪针后移，移动距离大，喷出的涂料就多；移动距离小，喷出的涂料就少。

压送式喷枪除调整喷枪自身调节螺栓外，还要调节压送涂料的压力。

(3)喷雾图样的调节装置。

旋转喷枪上部的调节螺栓就可以调节空气帽侧面空气孔的空气流量。关闭侧面空气孔，喷雾图样呈圆形；打开侧面空气孔，喷雾图样就变成椭圆形，随着侧面空气孔的空气量增大，涂料雾化的扇形喷幅也变宽。

(4)枪体。

枪体除支承枪头和调节装置外,还装有扳机和各种防止涂料、压缩空气泄漏的密封件。

扳机构造采用分段喷出的机构。当扣动扳机时先驱动压缩空气阀杆后移,压缩空气先喷出;随着扳机后移,涂料阀杆后移,涂料开始喷出。当松开扳机时,涂料阀先关闭,空气阀后关闭。这种分段机构,使喷出的涂料始终保持良好的雾化状态。

喷枪上涂料和压缩空气的密封件要保持良好的密封性,否则将影响喷涂质量。

4. 喷枪的维护

(1)喷枪使用后应立即用溶剂洗净,不要用对金属有腐蚀作用的清洗剂。

压送式喷枪的清洗方法为:先将涂料增压罐中空气排放掉,再用手指堵住喷头,扣动扳机,靠压缩空气将胶管中的涂料压回涂料罐中,随后用通溶剂洗净喷胶管,并用压缩空气吹干。在装有溶剂供给系统装置时,可将喷枪从快换接头上取下,装到溶剂管的快换接头上,扣动扳机用溶剂将涂料冲洗干净。

吸上式和重力式喷枪的清洗方法为:先将用剩下的涂料排净,再往涂料杯或罐中加入少量溶剂,先像喷漆一样喷吹一下,再用手指堵住喷头,扣动扳机,使溶剂回流数次,将涂料通道清洗干净。

(2)暂停喷涂,喷枪的处理。

暂停喷涂时,为防枪头粘附的涂料干固,堵住涂料和空气通道,应将喷枪头浸入溶剂中。但不能将喷枪全部浸泡在溶液剂中,这样会损坏喷枪各部位密封垫,造成漏气、漏漆的现象。

(3)空气帽、喷嘴、枪体的冲洗。

用毛刷蘸溶剂洗净喷枪空气帽、喷嘴及枪体。当发现堵塞现象时,应用硬度不高的针状物疏通,切不可用钢针等硬度高的东西疏通,以免损伤涂料喷嘴和空气帽的空气孔。

(4)喷枪使用中注意事项。

为防生锈,使其利于滑动并保证活动灵活。则枪针部、空气阀部的弹簧及其他螺纹应适当涂些润滑油。在使用时注意不要让喷枪与工件碰撞或掉落在地面上,以防喷枪损伤而影响使用。拆卸和组装喷枪时,各调节阀芯应保持清洁,不要粘附灰尘和涂料;空气帽和涂料喷嘴不应有任何碰伤和擦伤。喷枪组装后应保持各活动部件灵活。但喷枪不要随意拆卸。

(5)喷枪的检验。

经常检查喷枪的针阀、空气阀等密封部件的密封垫,如发现泄露要及时进行维修或更换。

多彩涂料可喷涂于多种物面上,混凝土、砂浆及纸筋灰抹面、木材、石膏板、纤维板、金属等面上均适合作多彩喷涂。多彩涂料涂膜强度高,耐油、耐碱性能好,耐擦洗,便于清除面上的多种污染,保持饰面清洁光亮。由于是多彩,显得色彩新颖,而且光泽柔和,有较强的立体感,装饰效果颇佳。由于具有上述优点和优良施工性能,此项新材料、新工艺发展很快,被广泛用于各类公共建筑及各种住宅的室内墙面、顶棚、柱子面的装饰,但多彩涂料不适宜用于室外。

(1)施涂工序。

基层处理→嵌批腻子→刷底层涂料→刷中层涂料→喷面层涂料。

(2)内墙多彩喷涂的施工工艺要点,见表1—21。

表1—21　内墙多彩喷涂的施工工艺要点

工　序	施工工艺要点
基层处理	多彩喷涂面质量的好坏与基层是否平整有很大关系,因此墙面必须处理平整,如有空鼓、起壳,必须返工重做;凹凸处要用原材料补平;必须全部刷除抹灰面上的煤屑、草筋、粗料;基层面上的浮灰、灰砂及油污等也一定要全部清除干净。 在夹板或其他板材面上作喷涂,接缝要用纱布或胶带纸粘贴,板上钉子头涂上防锈漆后点刷白漆,然后用油性腻子嵌补洞缝及接缝处,直至平整。

续上表

工　序	施工工艺要点
基层处理	当基层为金属时，先除锈，再刷防锈漆，用油性石膏腻子嵌缝，再刷一道白漆。 总之，多彩喷涂对其层面的平整要求比一般油漆高，必须认真做好，保证喷涂质量
嵌批腻子、打磨嵌批墙面	可用胶老粉腻子或油性腻子，也可用白水泥加108胶水拌成水泥腻子。用水泥腻子批刮墙面可增加基层的强度，这对彩涂面层的牢度很有好处，而且水泥腻子调配使用也很方便，因此被广泛采用。先将墙面上洞、缝及其他缺陷处用腻子嵌实，满刮1～2道腻子，批刮腻子的遍数应视墙面基层的具体情况决定，以基层是否完全平整为标准。腻子干后用1号砂纸打磨，扫清浮灰
刷底层涂料	彩色喷涂的涂料一般配套供应。底层材料是水溶性的无色透明的氯偏成品涂料，其作用主要是起封底作用，以防墙面反碱。涂刷底层涂料用刷涂或者滚涂，涂刷要求均匀、不漏刷、无刷纹，干后用砂纸轻轻打磨
刷中层涂料	中层涂料是有色涂料，色泽与面层配套，起着色和遮盖底层的作用。中层涂料可用排笔涂刷或用滚筒滚涂。涂料在使用前要搅拌均匀，涂刷1～2遍，要求涂刷均匀，色泽一致，不能漏刷流挂露底和有刷痕。中层涂料干后同样要经细砂纸打磨
喷涂面层彩色涂料	涂料在喷涂前要用小木棒按同一方向轻轻搅拌均匀，以保证喷出来的涂料色彩均匀一致。大面积喷涂前要先试小样，满意后再正式施工。喷涂时喷枪与物面保持垂直，喷枪喷嘴与物面距离以300～400 mm为宜。喷涂应分块进行，喷好一块后进行适当遮盖，再喷另一块。喷涂墙面转角处，事先应将准备不喷的另一面遮挡100～200 mm。当一个面上喷完后，同样应将已喷好的一面遮挡100～200 mm，防止墙面转角部分因重复喷涂，而使涂层加厚

(3)操作注意事项：

1)基层墙面要干燥，含水率不能超过8%。基层必须平整光洁,平整度误差不得超过 2 mm;阴阳角要方正垂直。

2)喷涂完毕后要对质量进行检查,发现缺陷要及时修正、修喷。喷好的饰面要注意保护,避免碰坏和污损。

3)基层抹灰质量要好,黏结牢固,不得有脱层、空鼓、洞缝等缺陷。

4)批刮腻子要平整牢固,不得有明显的接缝。

5)喷涂时气压要稳,喷距、喷点均匀,保证涂层花饰一致。

6)喷涂面层涂料前要将一切不需喷涂的部位用纸遮盖严实。

7)喷枪及附件要及时清洗干净。

(4)常见的质量问题:

1)花纹不规则。原因是压力不稳和操作方法不当,使喷涂不均匀。造成花纹不均匀,防止的办法,一是保持压力稳定,二是仔细阅读说明书,熟练掌握操作技巧。

2)光泽不匀。面层的光泽与中层涂料涂刷质量有关,中层涂料刷得不均匀,会影响面层的质量,发现中涂有问题时要重刷中涂涂料。

3)流挂。原因是面层涂料太稠所致。防治的方法是通过试喷来观察涂料的稠度,当涂料过稠时,可适当稀释。

4)黏结力差。涂料不配套或中层涂料不干,会影响面层涂料的黏结力,防治的办法是涂料一定要配套使用,喷涂面层一定要等中涂干燥后再进行。

3. 内、外墙面彩砂喷涂

墙面喷涂彩砂由于采用了高温烧结彩色砂粒,彩色陶瓷粒或天然带色石屑作为骨料,加之具有较好耐水、耐候性的水溶性树脂作胶黏剂(常用的有乙—丙彩砂涂料、苯丙彩砂涂料、砂胶外墙涂料等)。用手提斗式喷枪喷涂到物面上,使涂层质感强,色彩丰富,强度较高,有良好的耐水性、耐候性和吸声性能,适用于内外墙面,顶棚面的装饰。

(1)工艺流程:基层处理→刷清胶→嵌批腻子→刷底层涂料→喷砂。

(2)内、外墙面彩砂喷涂施工工艺要点,见表 1—22。

表 1—22 内、外墙面彩砂喷涂施工工艺要点

工 艺	施工工艺要点
基层处理	内墙基层处理的方法和要求与多彩喷涂相同;墙面基层要求坚实、平整、干净,含水率低于 8%,对于较大缺陷要用水泥砂浆或水泥腻子(108 胶水拌水泥)修补完整。墙面基层的好坏对喷涂质量影响极大,墙面不平整、阴阳角不顺直,将影响喷砂的质量和装饰效果
刷清胶	用稀释的 108 胶将整个墙面统刷一遍,起封底作用。如是成品配套产品,必须按要求涂刷配套的封底涂料
嵌批腻子	嵌批所用的腻子要用水泥腻子,特别对外墙,不能用一般的胶腻子。胶腻子强度低,易受潮粉化造成涂膜卷皮脱落。 腻子先嵌后批,一般批刮两道,第一道腻子稠些,第二道稍稀。多余的腻子要刮去。腻子干燥后用 1 号或$\frac{1}{2}$号砂纸打磨,力求物面平整光滑,无洞孔裂缝、麻面、缺角等,然后扫清灰尘
刷底层涂料	底层涂料用相应的水溶性涂料或配套的成品涂料,采用刷涂或滚涂,涂刷时要求做到不流挂、不漏刷、不露底、不起泡
喷彩砂	(1)墙面喷砂使用手提斗式喷枪,喷嘴的口径大小视砂粒粗细而定,一般为 5～8 mm。 (2)先将彩砂涂料搅拌均匀,其稠度保持在 10～20 cm 为宜,将涂料装入手提式喷枪的涂料罐。 (3)空压机的压缩空气压力,调节保持在 600～800 kPa,如压力过大砂粒容易回弹飞溅,且涂层不易均匀,涂料消耗大。 (4)喷涂前先要试样,在纤维板或夹板上试喷,检查空压机压力是否正常,看喷出的砂头粗细是否符合要求,合格后方可正式喷涂。 (5)喷涂操作时,喷嘴移动范围控制在 1～1.5 m 范围内,距墙面约 400～500 mm,自上而下分层平行移动,移动速度为 8～12 m/min。运行过快,涂膜太薄,遮盖力不够;太慢,则会使涂层过厚,造成流坠和表面不平。喷涂一般一遍成活,也可喷涂两遍,一遍横向,一遍竖向。 喷砂完毕后,要仔细检查一遍,如发现有局部透底时,应在涂料未干前找补

(3)施工注意事项：

1)彩砂涂料不能随意加水稀释，尤其当气温较低时，更不能加水，否则会使涂料的成膜温度升高，影响涂层质量。

2)喷涂前要将饰面不需喷涂的地方遮盖严实，以免造成麻烦，影响整个饰面的装饰效果。喷涂结束后要将管道及喷枪用稀释剂洗净，以免造成阻塞。

3)天气情况不好，刮风下雨或高温、高湿时，不宜喷涂。

(4)常见的质量问题：

1)堆砂。造成堆砂的原因主要有空气压力不均，彩砂搅拌不均，操作不够熟练。操作中应分析产生的原因，有针对性地解决。

2)落砂。造成落砂的主要原因有喷料自身的黏度不够或基层还未完全干燥所造成，如胶性不足可适量地加入108胶或聚酯酸乙烯乳胶漆，以调整胶的黏度。在大面积喷涂前，必须试小样，待其干燥，检验其黏结度。

【技能要点2】弹涂

1. 几种常用弹涂材料的配制

弹涂材料一般多应自行配制，根据需要调制出不同颜色和稀稠度。常用的有以白水泥为基料的弹涂料、以聚酯酸乙烯乳胶漆为基料的弹涂料和以803涂料为基料的弹涂料，需用哪种弹涂料应视实际要求而定。一般讲以水泥为基料的适用于外墙装饰，以乳胶漆和803涂料为基料的适用于室内装饰。

乳胶漆

1. 合成树脂乳胶漆

(1)合成树脂乳胶漆以水作为分散介质，完全不用油脂和有机溶剂，调制方便，不污染空气，不危害人体。

(2)施工方便，涂刷性好，施工时可以采用刷涂、滚涂、喷涂等方法。

(3)涂膜透气性好。它的涂膜是气空式的，内部水分容易蒸发，因而可以在15%含水率的墙面上施工。

(4)涂膜平整，色彩明快而柔和，附着力强，耐水、耐碱、耐候性良好。

(5)涂层结膜迅速。在常温下(25℃左右)30 min 内表面即可干燥，120 min 内可完全干燥成膜。

2. 醋酸乙烯乳胶漆

(1)醋酸乙烯乳胶漆是由醋酸乙烯共聚乳液加入颜料、填充料及各种助剂，经过研磨或分散处理而制成的一种乳液涂料。

(2)醋酸乙烯乳胶漆以水作分散介质，无毒，无臭味，不燃。涂料体质细腻，涂膜细洁、平滑、无光，色彩鲜艳，有良好的装饰效果。涂膜透气性好，可以在含水率 8% 以下潮湿墙面上施工，不易产生气泡。

施工可采用刷涂、滚涂等方法，施工工具容易清洗，适宜于内墙面涂饰。

3. 丙烯酸酯乳胶漆

(1)由甲基丙烯酸甲酯、丙烯酸丁酯、丙烯酸乙酯等丙烯酸多单体加入乳化剂、引发剂等，经过乳液聚合反应而制得纯丙烯酸酯乳液，以该乳液作为主要成膜物质，再加入颜料、填充料水及其他助剂，经分散、混合、过滤而成乳液型涂料。

(2)是一种优质外墙涂料，亦称为纯丙烯酸酯聚合物乳胶漆。

4. 苯丙乳胶漆

(1)SB12—31 苯丙乳胶漆是由苯乙烯酸酯共聚的乳液为基料，以水作稀释剂，加入颜料及各种助剂分散而成的一种水性涂料。

(2)以水作分散介质，具有干燥快、无毒、不燃等优点，施工方便，可采用刷涂、滚涂、喷涂等方法进行操作。漆膜附着力、耐候、耐水、耐碱性均好，且有良好的保光、保色性。可在室内外墙面上使用，并可代替一般油漆和部分醇酸漆在室外使用，故适用于高层建筑和各种住宅的内外墙装饰涂装。

5. 乙丙乳胶漆

(1)乙丙乳胶漆有 VB12－31 有光乙丙乳胶漆和 VB12－71 无光乙丙乳胶漆等。乙丙乳胶漆(有光、无光等)采用乙酸乙烯酯、丙烯酸酯等单体为主要原料，经乳液聚合而成高分子聚合物，加入颜料、填充料和各种助剂配制而成。

(2)用水稀释，无毒、无味，易加工，易清洗，可避免因使用有机溶剂而引起的火灾和环境污染；涂层干燥快，涂膜透气性好；涂膜耐擦洗性好，可用清水或肥皂水清洗；漆质均匀而不易分层，遮盖力好。

突出优点是涂膜光泽柔和，耐候性、保光性、保色性都很优异，在正常情况下使用，其涂膜耐久性可达 5～10 年以上。施工方便，可采用喷涂、刷涂、滚涂等方法进行，施工温度应在 4 ℃以上，头道漆干燥时间约为 2～6 h，二道漆干燥时间为 24 h。

2. 以水泥为主要基料的弹涂装饰工艺

(1)施工工序：

基层处理→嵌批腻子→刷涂料二遍→弹花点→压抹弹点→防水涂料罩面。

(2)以水泥为主要基料的弹涂装饰施工工艺要点，见表 1—23。

表 1—23　以水泥为主要基料的弹涂装饰施工工艺要点

工　序	施工工艺要点
基层处理	用油灰刀把基层表面及缝洞里的灰砂、杂质等铲刮平整，清理干净。如饰面上沾有油污、沥青可用汽油揩擦，除去油污
嵌批腻子	先把洞、缝用清水润湿，然后用水泥、黄砂、石灰膏腻子嵌平，其腻子配合比应与基层抹灰相同。如果洞、缝过大、过深，可分多次嵌补，嵌补腻子要做到内实外平，四周干净。 凡嵌补过腻子的部位都要用 1 号或 $1\frac{1}{2}$ 号砂布打磨平整，并清扫余灰
涂刷涂料两遍	所用涂料可视内、外墙不同要求自行选择，外墙涂料也可自行用白水泥配制，在自行配制中把各种材料按比例混合配成色浆后，要用 80 目筛过滤，并要求 2h 内用完。涂刷顺序应自上而下地进行，刷浆厚度应均匀一致，正视无排笔接槎

续上表

工　序	施工工艺要点
弹花点	弹点用料调配时，先把白水泥与石性颜料拌匀，过筛配成色粉，将108胶和清水配成稀胶溶液，然后再把两者调拌均匀，并经过60目筛过滤后，即可使用，但要求材料现配现用，配好后4 h内要用完。弹花点操作前先要用遮盖物把分界线遮盖住。电动彩弹机使用前应按额定电压接线。操作时要做到料口与墙面的距离以及弹点速度始终保持相等，以达到花点均匀一致
压抹弹点	待弹上的花点有二成干，就可用钢皮批板压成花纹。压花时用力要均匀，批板要刮直，批板每刮一次就要擦干净一次，才能使压点表面平整光滑
防水涂料罩面	刷防水罩面涂料主要适用于外墙面，为了保持墙面弹涂装饰的色泽，可按各地区的气候等情况选用罩面涂料，如甲基硅或聚乙烯醇缩丁醛等(缩丁醛∶酒精＝1∶15)防水涂料罩面。如能选用苯丙烯酸乳液罩面，其效果则更佳。大面积的外墙面可采用机械喷涂

3. 以聚酯酸乙烯乳胶漆为基料的弹涂装饰工艺

(1)施工工序：基层处理→嵌批腻子两遍→涂刷乳胶漆两遍→弹花点→压抹弹点。

(2)以聚酯酸乙烯乳胶漆为基料的弹涂装饰施工工艺要点，见表1—24。

表1—24　以聚酯酸乙烯乳胶漆为基料的弹涂装饰施工工艺要点

工　序	施工工艺要点
基层处理	与以水泥为主要基料弹涂工艺的基层处理相同
嵌批胶粉腻子两遍	以聚酯酸乙烯乳胶漆为主要基料的弹涂工艺主要适用于内墙及顶棚装饰，所以嵌批的腻子可采用胶粉腻子。嵌批时，先把洞、缝用硬一点的腻子嵌平，待干后再满批腻子。如果满批一遍不够平整，用砂纸打磨后再局部或满批腻子一遍。嵌批腻子时应自上而下，凹处要嵌补平整，不能有批板印痕。 待腻子干透后，用1号或$1\frac{1}{2}$号砂布全部打磨平整及光滑，并掸净粉尘

续上表

工　序	施工工艺要点
施涂乳胶漆两遍	有色乳胶漆自行配成后，应用80目筛过滤，施涂时应自上而下地进行，要求厚度均匀一致，正视无排笔接槎
弹花点	在大面积弹涂前必须试样，达到理想的要求时可大面积弹涂，操作要领与以水泥为基料的弹涂相同
压抹弹点	可视装饰要求而定，有的弹点不一定要压抹花点，如需压抹花点，其操作要点与以水泥为主要基料的压花点相同

4. 以803涂料为主要基料的弹涂装饰工艺

(1)施工工序：基层处理→嵌批胶粉腻子两遍→打磨→涂刷803涂料两遍→弹花点→压抹弹点。

(2)以803涂料为主要基料的弹涂装饰施工工艺要点，见表1—25。

表1—25　以803涂料为主要基料的弹涂装饰施工工艺要点

工　序	施工工艺要点
基层处理	与以水泥为基料的弹涂工艺的基层处理相同
嵌批腻子两遍	嵌批的材料宜用胶粉腻子，先用较硬的胶腻子把洞缝嵌刮平整，再满批胶腻子两遍。待腻子干透后将物面打磨平整，掸净粉尘
涂刷803涂料两遍	涂刷要求与聚酯酸乙烯乳胶漆涂刷工艺要求相同
弹花点	与聚酯酸乙烯乳胶漆为基料的弹涂工艺相同
压抹弹点	参照聚酯酸乙烯乳胶漆压抹弹点工艺要求

5. 操作注意事项

(1)彩弹所用的涂料均系酸、碱性物质，故不准用黑色金属做的容器盛装。彩弹饰面必须在木装修、水电、风管等安装完成以后才能进行施工，以免污染或损坏彩弹饰面(因损坏后难于修复)。

(2)每一种色料用好以后要保留一些，以备交工时局部修补用。如用户对色泽及品种方面有特殊要求，可先做小样后再施工。

(3)以上三种彩弹装饰工艺,所用的基料系水溶性物质涂料,故平均气温低于5 ℃时不宜施工,否则应采取保温措施。

(4)为保持花纹和色泽一致,在同一视线下以同一人操作为宜,在上下排架子交接处要注意接头,不应留下明显的接楂。

(5)电动弹涂机使用前应检查机壳接地是否可靠,以确保操作安全。

【技能要点3】滚涂

1. 滚花工具

滚花工具有双辊滚花机和三辊滚花机两种,它们都是由盛涂料的机壳和滚筒组成。双辊滚花机无引浆辊,只有上浆辊和橡皮花辊(滚花筒),工作时,由上浆辊直接传给滚花筒,就能在墙面上滚印。三辊滚花机由上浆辊、引浆辊和橡皮花辊组成,工作时三个辊筒互相同时转动,通过上浆辊将涂料传授给引浆辊,这时,在引浆辊上将多余涂料挤出流下,剩下的涂料再传给橡皮花辊,使滚花筒面上凸出的花纹图案上受浆,再滚印到墙面上。

2. 滚花筒

滚花筒上的图案花纹有几十种,对自己所喜爱的图案花纹亦可自行设计、制作。

滚涂工具介绍

1. 辊筒的构成

辊筒是由手柄、支架、筒芯、筒套四部分组成的,如图1—12所示。手柄上端与支架相连,手柄的下端带有螺纹,可以与加长手柄相连接,加长手柄一般长2 m。有些辊筒的手柄不配加长手柄,施工时可以用长棍代替加长手柄,绑于辊筒的手柄上。辊筒的支架应有一定的强度,并具有耐锈蚀的能力。筒芯也要具有一定的强度和弹性,而且能够快速、平稳地转动。筒套的内圈为硬质的筒套衬,外圈为带有绒毛的织物,筒套套在筒芯上,便可进行辊涂涂饰。有些辊筒的筒芯和筒套合为一体,用螺钉固定在支架上即可使用。

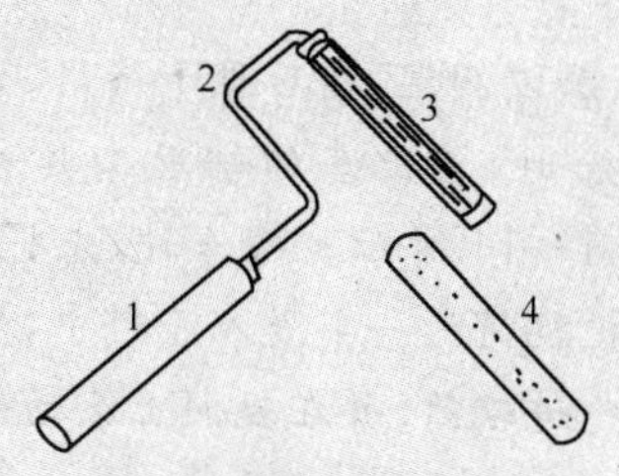

图 1—12　辊筒

1—手柄；2—支架；3—筒芯；4—筒套

2. 辊筒的分类

(1)按其形状分类。

1)辊筒按其形状分为普通辊筒和异形辊筒。

2)普通辊筒适合涂饰大面积的被涂物平面。

3)异形辊筒的种类很多，有可以用于辊涂柱面的凹形辊筒，也可以用于辊涂阴角及凹槽的铁饼形辊筒等等。异形辊筒适合于涂装面积小、非平面的部位。但一般来说，用普通辊筒与刷子配套使用，也可满足涂饰施工要求。

(2)按筒套的种类分类。

1)辊筒按筒套的种类可分为毛辊、海绵辊、硬辊、套色辊及压花辊等。

2)毛辊用于涂饰比较细腻的涂料；毛辊常用筒套材料有合成纤维、马海毛和羔羊毛等。毛辊的绒毛有短、中长、长、特长毛(长为 21 mm 左右)。毛辊的宽度有 3.81～4.57 cm 各种规格，17.78～22.86 cm 的毛辊使用最为广泛。

3)海绵辊可以用于涂饰带有粗骨料的涂料或稠度比较大的涂料。

4)硬辊、套色辊及压花辊等可以用于形成花纹的涂饰技术。

3. 辊筒使用注意事项

(1)使用前的准备。毛辊在使用前，要先检查辊筒是否转动自如，转速均匀；旧毛辊要检查绒毛是否蓬松，若有粘结应进行梳理，然后根据涂饰面的高低连接加长手柄。为方便毛辊的清洗，蘸料前要先用溶剂加以润湿，然后甩干待用。

(2)用毛辊辊涂时，需配套的辅助工具——涂料底盘和辊网，如图1—13、图1—14所示。操作时，先将涂料放入底盘，用手握住毛辊手柄，把辊筒的一半浸入涂料中，然后在底盘上滚动几下，使涂料均匀吃进辊筒，并在辊网上滚动均匀后，方可滚涂。

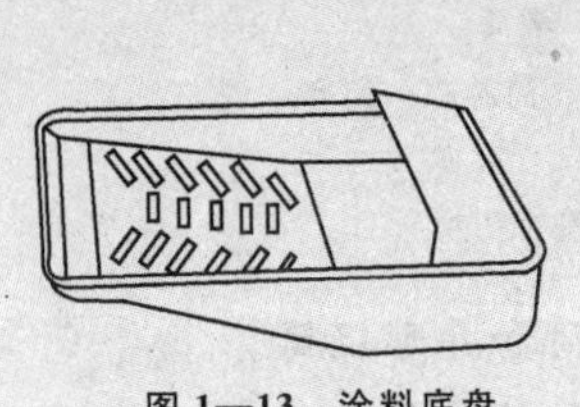

图1—13　涂料底盘

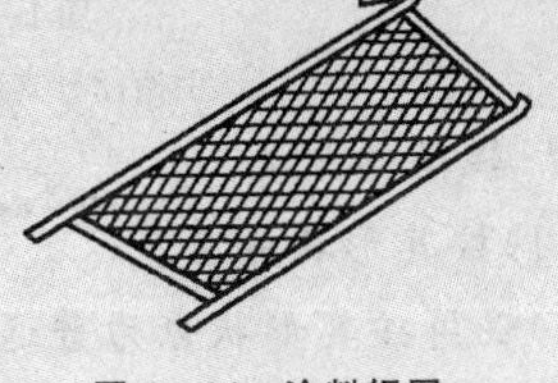

图1—14　涂料辊网

(3)使用后的清洗。毛辊在使用后，要将辊筒上的涂料彻底清洗干净，特别要注意应将绒毛深处的涂料清洗干净，否则会使绒毛板结，导致辊筒报废。辊筒清洗干净后，应悬挂起来晾干，以免绒毛变形。

(4)辊筒的存放。辊筒应在干燥的条件下存放，纯毛的辊筒要注意防虫蛀；合成纤维或泡沫塑料的辊筒要注意防老化。

3. 施工工序

基层处理→嵌批腻子→刷水溶性涂料→滚花。

4. 滚花施工工艺要点

滚花施工工艺要点，见表1—26。

表1—26　滚花施工工艺要点

工　序	施工工艺要点
基层处理	滚花宜在平整的墙面上进行，所以在清理中特别对凸出的砂粒和沾污在墙面上的砂浆必须清理干净，并将整个墙面打磨一遍，然后掸净灰尘
嵌批石膏腻子	嵌批的材料用胶腻子，应先将洞、缝用较硬的腻子填刮平整，再满批胶腻子两遍，每遍干后必须打磨，以求使整个墙面平整。如墙面不平整，在以后的滚花中会出现滚花的缺损，影响质量

续上表

工　序	施工工艺要点
刷水溶性涂料两遍	涂刷何种水溶性涂料可根据需要自行选择，但涂刷的材料和滚花的材料应配套
滚　花	(1)滚花必须待涂层完全干燥才可进行。 (2)检查滚花机各辊子转动是否灵活；滚花用的涂料的黏度是否调配适宜 (3)在滚花前必进行小样试滚，达到理想要求后再大面积操作； (4)滚花操作：滚花时右手紧握机柄，也可用左手握住滚花机，使花辊紧贴墙面，从上至下垂直均速均力进行，滚花时每条滚花的起点花形必须一样；每条滚花的间距必须相等；对于边角达不到整花宽度的，可待滚花干燥后，将滚好部分用纸挡住，再滚出边角剩余部分的花样。待整个房间滚花完成后，全面检查一遍，遇到墙面不平而花未滚到处，可用毛笔蘸滚花涂料进行修补。滚花完成后，应将滚花筒拆下，冲洗干净，揩干备下次使用

【技能要点4】石灰浆施涂

1. 刷涂石灰浆

(1)施工工序及工艺。

石灰浆施涂工序和工艺，见表1—27。

表1—27　施涂石灰浆操作工序和工艺

序号	工序名称	材　料	操作工艺
1	基层处理	—	用铲刀清除基层面上的灰砂、灰尘、浮物等
2	嵌　批	纸筋灰或纸筋灰腻子	对较大的孔洞，裂缝用纸筋灰嵌填，对局部不平处批刮腻子，批刮平整光洁
3	刷涂第一遍石灰浆	—	用20管排笔，按顺序刷涂，相接处刷开接通
4	复补腻子	纸筋灰腻子	第一遍石灰浆干透后，用铲刀把饰面上粗糙颗粒刮掉，复补腻子，批刮平整
5	刷涂第二遍石灰浆	—	刷涂均匀，不能太厚，以防起灰掉粉

(2)操作注意事项：

1)如需配色,按色板色配制,第一遍浆颜色可配浅一些,第二、三遍深一些。

2)一般刷涂两遍石灰浆即可。是否需要刷涂第三遍,则根据质量要求和施工现场具体情况决定。

2. 喷涂石灰浆

喷涂适用于对饰面要求不高的建筑物,如厂房的混凝土构件、大板顶棚、砖墙面等大面积基层。

(1)施工工序及工艺。喷涂石灰浆与刷涂石灰浆的工序及操作工艺基本相同,仅是以喷代刷。

(2)操作注意事项:

1)喷涂石灰浆需多人操作,施涂前,每人分工明确,各司其职,相互协调。

2)用80目铜丝箩过滤石灰浆,以免颗粒杂物堵塞喷头。

3)喷涂顺序:先难后易、先角线后平面;做好遮盖,以免飞溅到其他基层面。

4)喷头距饰面距离宜40 cm左右,第一遍喷涂要厚。

5)第一遍喷浆对于混凝土面宜调稠些,对清水砖墙宜调稀些。

【技能要点5】大白浆、803涂料施涂

1. 大白浆、803涂料施涂的区别

大白浆遮盖力较强,细腻洁白且成本低;803涂料具有一定的黏结强度和防潮性能,涂膜光滑、干燥快,能配制多种色彩,广泛地应用于内墙面、顶棚的施涂。

大白浆、803涂料施工工序及工艺相同,主要区别是选用的涂料品种不同。

2. 施工工序

基层处理→嵌补腻子→打磨→满批腻子两遍→复补腻子→打磨→刷涂(滚涂)涂料两遍。

3. 施工要点

(1)基层宜用胶粉腻子嵌批,嵌批时再适量加些石膏粉,把基层面上的麻面、孔洞、裂缝,填平嵌实,干后打磨。

(2)新墙面则可直接满批刮腻子;旧墙面或墙表面较疏松,可以先用108胶或801胶加水稀释后(配合比1∶3)在墙面上刷涂一遍,待干后再批刮腻子。

用橡胶刮板批头遍腻子,第二遍可用钢皮刮板批刮。往返批刮的次数不能太多,否则会将腻子翻起。批刮要用力均匀,腻子一次不能批刮得太厚,厚度一般以不超过1 mm为宜。

(3)墙面经过满刮腻子后,如局部还存在细小缺陷,应再复补腻子。复补用的腻子要求调拌得细腻、软硬适中。

(4)待腻子干后可用1号砂纸打磨平整,清洁表面。

(5)一般涂刷二遍,涂刷工具可用羊毛排笔或滚筒。用排笔涂刷一般墙面时,要求两人或多人同时上下配合,一人在上刷,另一人在下接刷。涂刷要均匀,搭接处要无明显的接槎和刷纹。

1)辊筒滚涂法:辊筒滚涂适用于表面粗糙的墙面,墙面的滚涂顺序是从上到下、从左到右。滚涂时为使涂料能慢慢挤出辊筒,均匀地滚涂到墙面上,宜采用先松后紧的方法。对于施工要求光洁程度较高的物面必须边滚涂边用排笔理顺。

2)排笔涂刷法:墙面刷涂应从左上角开始,排笔以用20管为宜。涂刷时先在上部墙面顶端横刷一排笔的宽度,然后自左向右从墙阴角井始向右一排接一排的直刷。当刷完一个片段,移动梯子,再刷第二片断。这时涂刷下部墙的操作者可随后接着涂刷第一片段的下排,如此交叉,直到完成。上下排刷搭接长度取50～70 mm左右,接头上下通顺,要涂刷均匀,色泽一致。涂刷前可把排笔两端用剪刀修剪或用火烤成小圆角,以减少涂刷中涂料的滴落。

(6)施涂大白浆要轻刷快刷,浆料配好后不得随意加水,否则影响和易性和黏结强度。

(7)在旧墙面、顶棚施涂大白浆之前,清除基层后可先刷1～2遍用熟猪血和石灰水配成的浆液,以防泛黄、起花。

【技能要点6】乳胶漆施涂

1. 室内施涂

(1)施工工序及工艺。施涂乳胶类内墙涂料的工序和工艺,见

表1—28。

表1—28　施涂乳胶类内墙涂料操作工序和工艺

序号	工序名称	材　料	操作工艺
1	基层处理	—	用铲刀或砂纸铲除或打磨掉表面灰砂、污迹等杂物
2	刷涂底胶	108胶水：水＝1：3	如旧墙面或墙面基层已疏松,可刷胶一遍;新墙面,一般不用刷胶
3	嵌补腻子	滑石粉：乳胶：纤维素＝5：1：3.5加适量石膏粉。以增加硬性	将基面较大的孔洞、裂缝嵌实补平,干燥后用0～1号砂纸打磨平整
4	满批腻子二遍	同上(不加石膏粉)	先用橡胶刮板批刮,再用钢皮刮板批刮,刮批收头要干净,接头不留槎。第一遍横批腻子干后打磨平整,再进行第二遍竖向满批,干后打磨
5	刷涂(滚涂2～3遍)	乳胶漆	大面积施涂应多人合作,注意刷涂衔接不留槎、不留刷迹,刷顺刷通,厚薄均匀

(2)操作注意事项:

1)施涂时,乳胶漆稠度过稠难以刷匀,可加入适量清水。加水量根据乳胶漆的质量决定,最多加水量不能超过20%。

2)施涂前必须搅拌均匀,乳胶漆有触变性,看起来很稠,一经搅拌稠度变稀。

3)施涂环境温度应在5 ℃～35 ℃之间。

4)混凝土的含水率不得大于10%。

2. 室外施涂

乳液性外墙涂料又称外墙乳胶漆,其耐水性、耐候性、耐老化性、耐洗刷性、涂膜坚韧性都高于内墙涂料。分平光和有光两种,平光涂料对基层的平整度的要求没有溶剂型涂料严格。

(1)施工工序及工艺。施工工序及工艺与室内施涂施工工序及工艺大致相同。

(2)操作注意事项:

1)满批腻子批平压光干燥之后,打磨平整。在施涂乳胶漆之前,一定要刷一遍封底漆,不得漏刷,以防水泥砂浆抹面层析碱。底漆干透后,目测检查,有无发花泛底现象,如有再刷涂。

2)外墙的平整度直接影响装饰效果,批刮腻子的质量是关键,要平整光滑。

3)施涂前,先做样板,确定色调和涂饰工具,以满足花饰的要求。施涂时要求环境干净,无灰尘。风速在 5 m/s 以上,湿度超过 80%,应该停涂。

4)目前多采用吊篮和单根吊索在外墙施涂,除注意安全保护外,还应考虑施涂操作方便等具体要求,保证施涂质量。

【技能要点 7】高级喷磁型外墙涂料施涂

高级喷磁型外墙涂料(丙酸类复层建筑涂料)简称"高喷"。高喷饰面是由底、中、面三个涂层复合组成。底层为防碱底涂料(溶剂型),它能增强涂层的附着力;中层为弹性骨料层(厚质水乳型),它能使涂层具有坚韧的耐热性并形成各种质感的凹凸花纹;面层为丙烯酸类装饰保护层(又分为 AC—溶剂型、AE—乳液型两种),可赋予涂层以缤纷的色彩和光泽,并使之具有良好的耐候性。"高喷"涂层结构如图 1—15 所示。它适用于各种高层与高级建筑物的外墙饰面,对混凝土、砂浆、石棉瓦楞板、预制混凝土等墙面。"高喷"饰面立体感强,耐久性好,施工效率高。

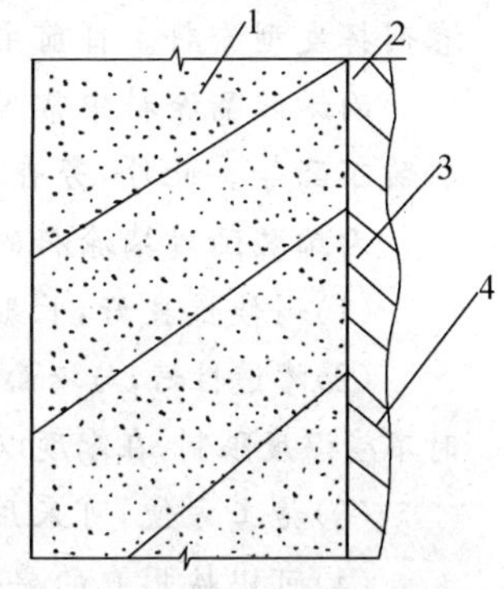

图 1—15　"高喷"涂层结构图

1—墙体;2—底层涂料;
3—中层涂料;4—面层涂料

外墙涂料介绍

1. 仿瓷涂料

仿瓷涂料主要用于建筑物的内墙面，如厨房、餐厅、卫生间、浴室以及恒温车间等的墙面、地面。特别适用于铸铁、浴缸、水泥地面、玻璃钢制品表面，还能涂饰高级家具等。

仿瓷涂料的涂膜具有突出的耐水性、耐候性、耐油及耐化学腐蚀性能，附着力强，可常温固化，干燥快，涂膜硬度高，柔韧性好，具有优良的丰满度，不需抛光打蜡，涂膜的光泽像瓷器。

仿瓷涂料施工前必须将被涂物基层表面的油污、凸疤、尘土等清理干净，并要求基层干燥平整，施工墙面含水率一般控制在8%以下。不平整的被涂基层，必须用腻子批刮填平。涂料施工后，保养期为 7 d，在 7 d 内不能用沸水或含有酸、碱、盐等液体浸泡，也不能用硬物刻画或磨涂膜。

2. 丙烯酸酯外墙涂料

丙烯酸酯外墙涂料是以热塑性丙烯酸酯合成树脂为主要成膜物质，加入溶剂、颜料、填充料、助剂等，经研磨后制成的一种溶剂挥发型涂料。目前主要用于外墙复合涂层的罩面涂料。

丙烯酸酯涂料中常用的溶剂有丙酮、甲乙酮、醋酸溶纤剂及醋酸丁酯等。此外，芳香烃及氯烃也都是较好的溶剂。

丙烯酸酯外墙涂料的特点有：

(1)耐候性良好，长期日晒雨淋涂层不易变色、粉化或脱落；

(2)渗透性好，与墙面有较好的黏结力，并能很好地结合，使用时不受温度限制，在零度以下的严寒季节施工，也能很快干燥成膜；

(3)施工方便，可采用刷涂、滚涂、喷涂等工艺；

(4)可以按用户的要求，配制成各种颜色。

3. 氯化橡胶外墙涂料

氯化橡胶外墙涂料又称为氯化橡胶水泥漆。它是由氯化橡胶、溶剂、增塑剂、颜料、填充料和助剂等配制而成的溶剂型外墙涂料。

常用的溶剂有二甲苯、200号煤焦溶剂，有时也可加入一些200号溶剂汽油以降低对于底层涂膜的溶解作用，从而增进涂刷性与重涂性。

氯化橡胶外墙涂料的特点有：

(1)氯化橡胶涂料为溶剂挥发型涂料，涂刷后随着溶剂的挥发而干燥成膜。在常温的气温环境中2 h以内可干燥，数小时后可复涂第二遍，比一般油性漆快干数倍。

(2)氯化橡胶涂料施工不受气温条件的限制，可在－70 ℃低温或50 ℃高温环境中施工，涂层之间结合力、附着力好。涂料对水泥和混凝土表面及钢铁表面具有良好的附着力。

(3)氯化橡胶外墙涂料具有优良的耐碱、耐水和耐大气中的水汽、潮湿、腐蚀性气体的性能，其次还具有耐酸和耐氧化的性能，有良好的耐久性和耐候性。涂料能在户外长期暴晒，稳定性好，漆膜物化性能变化小。涂膜内含大量氯，霉菌不易生长，因而有一定的防霉功能。

(4)氯化橡胶涂层具有一定的透气性，因而可以在基本干燥的基层墙面上施工。

4. 水乳型环氧树脂外墙涂料

水乳型环氧树脂涂料是由E—44环氧树脂配以乳化剂、增稠剂、水，通过高速机械搅拌分散为稳定性好的环氧乳液，再与颜料、填充料配制而成的厚浆涂料(A组分)，再以固化剂(B组分)与之混合均匀而制得。这种外墙涂料采用特制的双管喷枪，可一次喷涂成仿石纹(如花岗石纹等)的装饰涂层。

水乳型环氧树脂外墙涂料的特点是与基层墙面黏结牢固，涂膜不易粉化、脱落，有优良的耐候性和耐久性。

1. 施工工序

基层处理→施涂底层涂料一遍→喷涂中层涂料一遍→滚压花纹→施涂面层涂料两遍。

2. 高级喷磁型外墙涂料施工要点

高级喷磁型外墙涂料施工要点，见表1—29。

表 1—29 高级喷磁型外墙涂料施工要点

工 序	施工要点
基层处理	“高喷”装饰效果同基层处理关系很大。施涂水性和乳液涂料时，含水率不得大于10%；混凝土和抹灰表面施涂溶剂型涂料时，含水率不得大于8%。对空鼓、起壳、开裂、缺棱掉角等缺陷处返工清理后，用1∶3水泥砂浆修补；对油污可用汽油揩擦干净；对浮土和灰砂可用油灰刀和钢丝刷清理干净；对局部较小的洞缝、麻面等缺陷，可采用聚合物水泥腻子嵌补平整。常用的腻子可用42.5级水泥与108胶(或801胶)配制，其重量配合比约为水泥∶108胶＝100∶20(加适量的水)。基层表面光洁既可以提高施涂装饰效果，同时又可以节约涂料
施涂底层涂料一遍	底层涂料又称封底涂料，其主要作用是对基层表面进行封闭，以增强中层涂料与基层黏结力。底层涂料为溶剂性，使用时可稀释(按产品说明书规定进行)，一般稀释剂的掺入量约为25%～30%。施工时采用喷涂或滚刷皆可，但要求施涂均匀，不得漏涂或流坠等
喷涂中层涂料一遍	中层涂料又称骨架或主层涂料，是“高喷”饰面的主要构成部分，也是“高喷”特有的一层成形层。中层涂料通过使用特制大口径喷枪，喷涂在底油之上，再经过滚压，即形成了质感丰满、新颖、美观的立体花纹图案。中层涂料一般有厂家生产的骨粉、骨浆，使用时按产品说明规定的配合比调配均匀就可使用。 另外，为了降低成本费用，提高中层涂料的耐久性、耐水性和强度，外墙也可用由水泥(或白水泥)和108胶等材料调配而成的中层涂料
滚压花纹	滚压花纹是“高喷”饰面工艺的一个重要环节，直接关系到饰面外表的美观和立体感。待中层涂料喷后两成干，就可用薄型钢皮铁板或塑料滚筒(100～150 mm)、滚压花纹，但要注意压花时用力要均匀，钢皮铁板或塑料滚筒每压一次都要擦洗干净一次，如不擦洗干净，剩余中层涂料，滚压时会毛糙不均匀影响美观。滚压后应无明显的接槎，不能留下钢皮铁板和滚筒的印痕，并要求墙面喷点花纹均匀美观，立体感强
施涂面层涂料两遍	面层涂料是“高喷”饰面的最外表层，其品种有溶剂型和水乳型。面层涂料内已加入了各种耐晒的彩色颜料，施涂后具有柔和的色泽，起到美化涂料膜和增加耐久性的作用。另外根据不同的需要，面层涂料分为有光、半光、无光等品种。面层涂料采用喷涂或滚刷皆可，施涂时，当涂料太稠时，可掺入相配套的稀释剂，其掺入量应符合产品说明书的有关规定

3. 操作注意事项

(1)当底、面层涂料为溶剂型时,应注意运输安全。涂料的储置适宜温度为5 ℃～30 ℃,不得雨淋和曝晒。面层涂料必须在中层涂料充分干燥后,才能施涂,在下雨前后或被涂表面潮湿时,不能施涂。

(2)墙面搭设的外脚手架以离开墙面450～500 mm为最佳,脚手架不得太靠近墙面。另外,喷涂时要特别注意脚手架上下接排处的喷点接槎处理,避免接槎处的喷点太厚,使整个墙面的喷点呈波浪形,严重影响美观。

(3)“高喷”的施涂质量与基层表面是否平整关系极大,抹灰表面要求平整、无凹凸。施涂前对基层表面存在的洞、缝等缺陷必须用聚合物水泥胶腻子嵌补平整。

(4)喷涂中层涂料时,其点状大小和疏密程度应均匀一致,不得连成片状,不得出现露底或流坠等现象。另外喷涂时,还应将不喷涂的部位加以遮盖,以防沾污。以水泥为主要基料的中层涂料喷涂及压花纹后,应先干燥12 h,然后洒水养护24 h,再干燥12 h后,才能施涂面层涂料。

(5)“高喷”也可用于室内各种墙面的饰面,其底、中、面层涂料同上。另外室内“高喷”中层涂料还可采用乳胶漆、大白粉、石膏粉、滑石粉等按比例调制而成。

(6)施工气候条件:气温宜在5 ℃以上,湿度不宜超过85%。最佳施工条件为气温27 ℃,湿度50%。

(7)施涂工具和机具使用完毕后,应及时清洗或浸泡在相应的溶剂中。

4. 外墙涂料施涂

外墙涂料施涂质量要求,见表1—30。

表1—30　“高喷”饰面质量要求

项次	项　目	质量要求
1	漏涂、透底	不允许
2	掉粉、起皮	不允许
3	反碱、咬色	不允许

续上表

项次	项　目	质量要求
4	喷点疏密程度	疏密均匀,不允许有连片或呈波浪现象
5	颜　色	一　致
6	门窗玻璃、灯具等	洁　净

第五节　玻璃裁切与安装技术

【技能要点1】玻璃喷砂和磨砂

1. 玻璃喷砂

喷砂是利用高压空气通过喷嘴的细孔时所形成的高速气流,携带金刚砂或石英砂细粒等喷吹到玻璃表面上,使玻璃表面不断受砂粒冲击,形成毛面。

喷砂面的组织结构取决于气流的速度以及所携带砂粒的大小与形状,细砂粒可冲击摩擦玻璃表面形成微细组织,粗砂粒则能加快喷砂面的侵蚀速度。喷砂主要应用于玻璃表面磨砂以及玻璃仪器商标的打印。

2. 玻璃磨砂

玻璃磨砂是用金刚砂对平板玻璃进行手工磨砂或机器喷砂,使玻璃单面呈均匀的粗糙状。这种玻璃透光而不透视,并且光线不扩散,能起到保护视力的作用。常用于建筑物的门、窗、隔断、浴室、玻璃黑板、灯具等。

(1)准备工作:

1)根据磨砂玻璃的需求量、厚度及尺寸,集中裁划所需磨砂的玻璃。

2)手工磨砂材料及工具主要有280～300目金刚砂、废旧砂轮、马达、皮带、铁盘等。

(2)玻璃磨砂施工方法,见表1—31。

表 1—31　玻璃磨砂施工方法

方　法	内　容
机械磨砂	有机械喷砂和自动漏砂打磨两种方法。所谓机械自动漏砂打磨是指在机械上面装一只上大下小呈梯形的铁皮砂斗，斗的底部钻数百个孔，底板上有一块可以抽动的铁皮挡板，机械中间装有长轴电砂翼轮，下面装有一个封闭式能活动的盛砂槽。打磨时，将金刚砂装满漏砂斗，把平板玻璃放置在受砂床上，开动电机使机械运转，抽掉铁皮，随着机械运转落到长轴电砂翼轮上的砂打洒在玻璃表面上，使玻璃表面不断受冲击形成毛面
手工磨砂	当磨砂玻璃的使用量不大时，可采用手工磨砂的方法，加工时应根据玻璃面积及厚度分别采用不同的方法： (1)3 mm 厚的小尺寸平板玻璃磨砂方法：将金刚砂均匀铺在玻璃表面，将另一块玻璃覆盖其上，金刚砂隔在两玻璃中间，双手平稳压实上面的玻璃，用弧形旋转的方法来回研磨即可。 (2)5 mm 以上厚度的玻璃磨砂方法：将平板玻璃平置于垫有绒毯等柔软织物的平整工作台上，把生铁皮带盘轻放在玻璃表面，皮带盘中间的孔洞内装满 280～300 目的金刚砂或其他研磨材料，双手握住盘边，进行推拉式旋磨。此外还可用粗瓷碗研磨，在玻璃表面放适量金刚砂，反扣瓷碗，双手按住碗底进行旋磨

(3)操作注意事项：

1)手工磨砂应从四周边角向中间进行。用力要适当、均匀，速度放慢，避免玻璃压裂或缺角。

2)玻璃统磨后，应检验，如有透明处，作记号后再进行补磨。

3)磨砂玻璃的堆放应使毛面相叠，且大小分类，不得平放。

(4)玻璃磨砂的质量要求：

1)透光不透视。

2)研磨后的玻璃呈均匀的乳白色。

【技能要点 2】玻璃钻孔和开槽

1. 玻璃钻孔方法

根据使用功能的需要，有的玻璃在安装前需进行钻孔加工，即将特殊钻头装在台钻等工具上对玻璃进行钻孔加工。常用的钻头一般有金刚石空心钻、超硬合金玻璃钻、自制钨钢钻三类，具体操作，见表1—32。

表1—32　玻璃钻孔的操作

项　目	内　容
准备工作	钻孔前需在玻璃上按设计要求定出圆心，并用钢笔点上墨水，把钻头安装完毕
操作方法	(1)自制钨钢钻的钻孔方法同上，工具需要钳工和电焊工配合制作。取长为60 mm，直径为4 mm的一段硬钢筋，取20 mm左右的钨钢，用铜焊焊接，然后将钨钢磨成尖角三角形即可。 (2)金刚石空心钻钻孔手摇玻璃钻孔操作时，将玻璃放到台板面上，旋转摇动手柄，使金刚石空心钻旋转摩擦，直至钻通为止，一般可用于5～20 mm直径洞眼的加工。 (3)超硬合金玻璃钻钻孔钻头装在手工摇钻上或低速手电钻上，钻头对准圆心，用一只手握住手摇钻的圆柄，轻压旋转即可。这种方法适用于加工3～10 mm的洞眼
操作注意事项	(1)钻孔工作台应放平垫实，不得移动。 (2)在玻璃上画好圆心的位置，用手按住金刚钻用力转几下，使玻璃上留下一个稍凹的圆心，保证洞眼位置不偏移。 (3)钻眼加工时，应加金刚砂并随时加水或煤油冷却。起钻和快钻出时，进给力应缓慢而均匀

玻璃钻孔和开槽工具

(1)手动玻璃钻孔器和电动玻璃开槽机。

(2)手动玻璃钻孔器和电动玻璃开槽机分别用于玻璃的钻孔和开槽。

2. 玻璃开槽方法

开槽的方法主要有两种：一是自制玻璃开槽机；二是用砂轮手磨开槽。具体操作，见表1—33。

表1—33　玻璃开槽的操作

项　目	内　容
准备工作	用钢笔在玻璃上画出槽的长度和宽度

续上表

项　目	内　容
操作方法	(1)电动开槽法:电动开槽机是自制的金刚砂磨槽工具。开槽时,将玻璃搁在电动开槽机工作台的固定木架上,调节好位置,对准开槽处,开动电机即可。 (2)金刚砂轮手磨开槽法:取一块与槽口宽度相近的金刚砂轮,对准玻璃开槽的长度,来回转动金刚砂轮进行开槽。这种方法只能在没有机械的情况下采用,它工效慢、费时,且槽口易变形
操作注意事项	(1)开槽时,画线要正确。 (2)机械开槽时为了防止金刚砂和玻璃屑飞溅,操作时应戴防护眼镜。 (3)规格不同的玻璃开槽时,应分类堆放

【技能要点3】玻璃化学蚀刻

玻璃的化学蚀刻是用氢氟酸溶掉玻璃表层的硅氧,根据残留盐类的溶解度不同,可得到有光泽的表面或无光泽的毛画。

蚀刻后,玻璃表面的性质取决于氢氟酸与玻璃作用所生成的盐类的性质。如生成的盐类溶解度小,且以结晶状态保留在玻璃表面,不易清除,则得到粗糙又无光泽的表面,如反应物不断被清除则得到非常平滑或有光泽的表面。

玻璃的化学组成是影响蚀刻表面的主要因素之一,含碱少或含碱土金属氧化物很少的玻璃不适于毛面蚀刻;蚀刻液及蚀刻膏的组成也是影响蚀刻表面的主要因素,若含有能溶解反应生成物的成分,如硫酸等,即可得到有光泽的表面。因此可以根据表面光泽度的要求来选择蚀刻液、蚀刻膏的配方。

蚀刻液可由盐酸加入氟化铵与水组成;蚀刻膏由氟化铵、盐酸、水并加入淀粉或粉状冰晶石配成。制品上不需要腐蚀的地方可涂上保护漆或石蜡。

玻璃化学蚀刻的具体操作,见表1—34。

表 1—34 玻璃化学蚀刻的具体操作

项 目	内 容
准备工作	(1)配溶液:用浓度为 99%的氢氟酸和蒸馏水以 3∶1 的比例配好待用。 (2)把玻璃表面清理干净,将石蜡溶化,用排笔直接刷上三四遍
操作方法	(1)石蜡冷却后,将图案复印在蜡面上,用雕刻刀在刷过石蜡的玻璃表面上刻出字体和花纹。雕刻完毕后,将雕刻处用洗洁净洗干净,并用蜡液把雕刻的缺损处补完整。 (2)用新毛笔蘸氢氟酸溶液轻轻刷在字体和花纹上面,隔 15~20 min,表面起白粉状,把白粉掸掉,再刷一遍,再掸掉,直至达到要求为止。氢氟酸溶液刷的遍数越多,字体和花纹就越深,夏天一般需 4 h 完成,春秋季约需 6 h 完成,冬天则要 8 h 才能完成。 (3)字体和花纹蚀刻完后,把石蜡全部清除干净,再用洗洁净清洗干净
操作注意事项	(1)配好的溶液和原液要贴上标签。 (2)涂蜡必须厚薄均匀。操作过程中,应注意氢氟酸溶液外溢,要戴防毒手套。雕刻字体和花纹时,保证笔画正确

【技能要点 4】玻璃安装

1. 木门窗玻璃安装

(1)先将裁口内的污物清涂,沿裁口均匀嵌填 1.5~3 mm 厚的底油灰,把玻璃压至裁口内,推压至油灰均匀略有溢出。

(2)用钉子或木压条固定玻璃。钉距不得大于 300 mm,每边不得少于两颗。

用油灰固定:再刮油灰(沿裁口填实)→切平→抹成斜坡,如图 1—16 所示。

用木条固定:无需再刮油灰,直接用木压条沿裁口压紧玻璃,如图 1—17 所示。

2. 铝合金门窗玻璃安装

(1)剥离门窗框保护膜纸,安装单块尺寸较小玻璃时可用双手

3. 幕墙玻璃安装

玻璃幕墙根据结构框不同，可分为明框、隐框、半隐框。由于其在装饰工程中所处的特殊位置和特性，对玻璃安装及嵌固黏结材料的质量要求极为严格。

对材料的选择除必须符合《玻璃幕墙工程质量检验标准》(JGJ/T 139—2001)外，还应符合《半钢化玻璃》(GB/T 17841—2008)、《建筑安全玻璃第 2 部分：钢化玻璃》(GB 15763.2—2005)、《建筑用硅酮结构密封胶》(GB 16776—2005)等国家现行的产品质量标准。

(1)幕墙玻璃最小安装尺寸，见表 1—36。

表 1—36　幕墙玻璃最小安装尺寸(单位：mm)

部位示意	玻璃厚度	前后余隙 a	嵌入深度 b	边缘余隙 c		
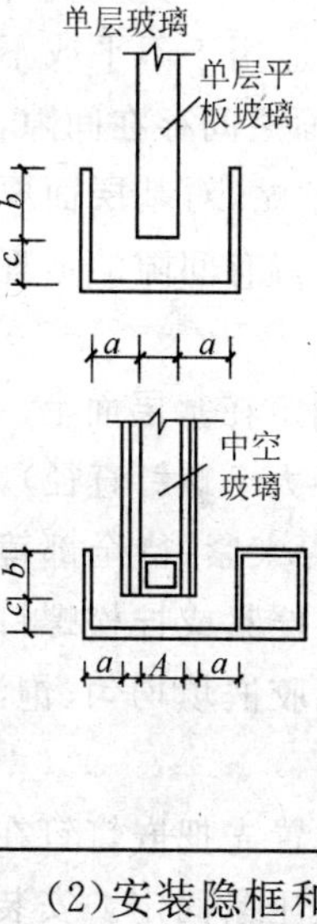	5～6	3.5	15	5		
单层玻璃 单层平板玻璃	8～10	4.5	16	5		
	12 以上	5.5	18	5		
	中空玻璃	—	—	上边	上边	侧边
	4+A+4	5.0	12	7	5	5
中空玻璃	5+A+5	5.0	16	7	5	5
	6+A+6	5.0	16	7	5	5
	8+A+8 以上	5.0	16	7	5	5

(2)安装隐框和半隐框幕墙时，临时固定玻璃要有一定强度，以避免结构胶尚未固化前，玻璃受震动黏结不牢，影响质量。

(3)玻璃幕墙嵌固玻璃的方法如图 1—22 所示。

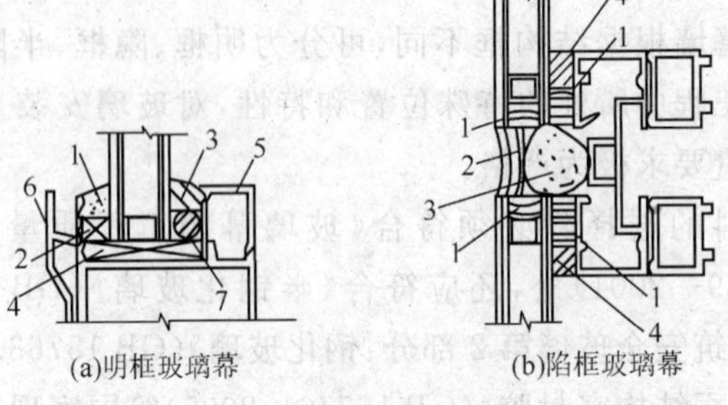

(a)明框玻璃幕　　(b)陷框玻璃幕

图 1—22　玻璃幕墙玻璃嵌固形式

1—耐候硅酮密封胶；2—双面胶带；3—橡胶嵌条；4—橡胶支撑块；5—扣条或压条；6—外侧盖板；7—定位块

1—结构硅酮密封胶；2—耐候硅酮密封胶；3—泡沫棒；4—像胶垫条

4. 镜面玻璃安装

建筑物室内用玻璃或镜面玻璃饰面，可使墙面显得亮丽、大方，还能起到反射景物、扩大空间、丰富环境氛围的装饰效果。

(1)镜面安装方法有贴、钉、托压等。

1)贴是以胶结材料将镜面贴在基层面上，适用于不平或不易整平的基层。宜采用点粘，使镜面背部与基层面之间存在间隙，利于空气流通和冷凝水的排出。采用双面胶带粘贴，对基层面要有平整光洁的要求，胶带的厚度不能小于 6 mm；留有间隙的道理如前所述。为了防止脱落，镜面底部应加支撑。

2)钉是以铁钉、螺钉为固定构件，将镜面固定在基层面上。在安装之前，在裁割好的镜面的边角处钻孔(孔径大于螺钉直径)。

螺钉固定如图 1—23 所示。螺钉不要拧得太紧，待全部镜面固定后，用长靠尺检验平整度，对不平部位，用拧紧或拧松螺钉进行最后调平。最后，对镜面之间的缝隙用玻璃胶嵌填均匀、饱满，嵌胶时注意不要污染镜面。

嵌钉固定不需对镜面钻孔，按分块弹线位置先把嵌钉钉在木筋(木砖)上，安装镜面用嵌钉把其四个角依次压紧固定。安装顺序：从下向上进行，安装第一排，嵌钉应临时固定，装好第二排后再拧紧嵌钉，如图 1—24 所示。

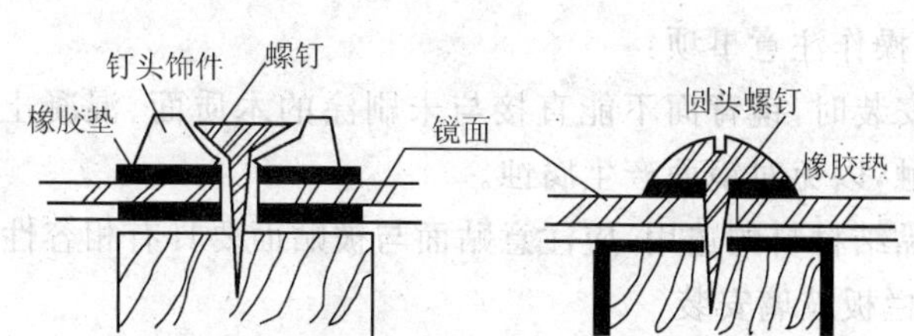

图 1—23　螺钉固定镜面

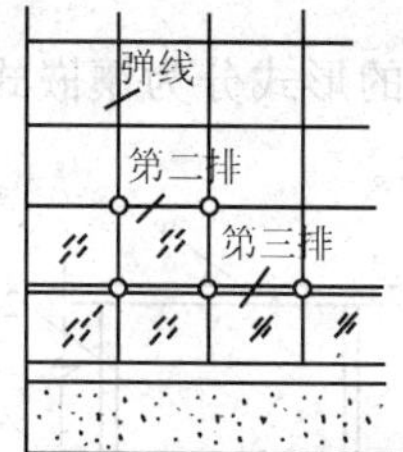

图 1—24　嵌钉固定镜面

3)托压固定是主要靠压条和边框将镜面托压在基层面上。压条固定顺序:从下向上进行。先用压条压住两镜面接缝处,安装上一层镜面后再固定横向压条。

木质压条一般要加钉牢固。钉子从镜面隙缝中钉入,在弹线分格时要留出镜面间隙距离。托压固定安装镜面,如图 1—25 所示。

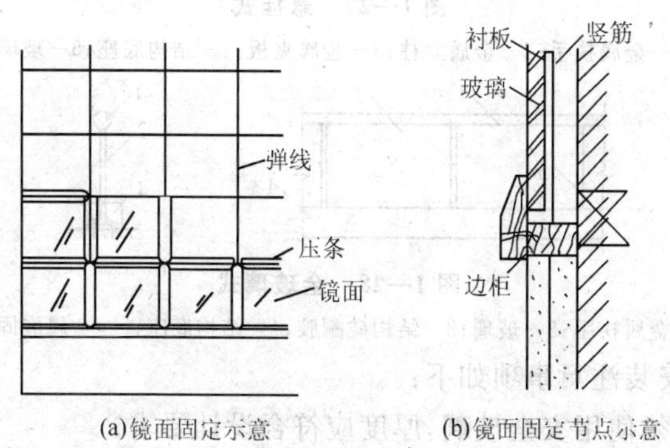

(a)镜面固定示意　(b)镜面固定节点示意

图 1—25　托压固定

(2)操作注意事项：

1)安装时，镜背面不能直接与未刷涂的木质面、混凝土面、抹灰面接触，以免对镜面产生腐蚀。

2)黏结材料的选用，应注意贴面与被贴面要具有相容性。

5. 栏板玻璃安装

为了增添通透的空间感和取得明净的装饰效果，玻璃栏板的使用已很普遍。

(1)玻璃栏板按安装的形式分为镶嵌式、悬挂式、全玻璃式，如图 1—26～图 1—28 所示。

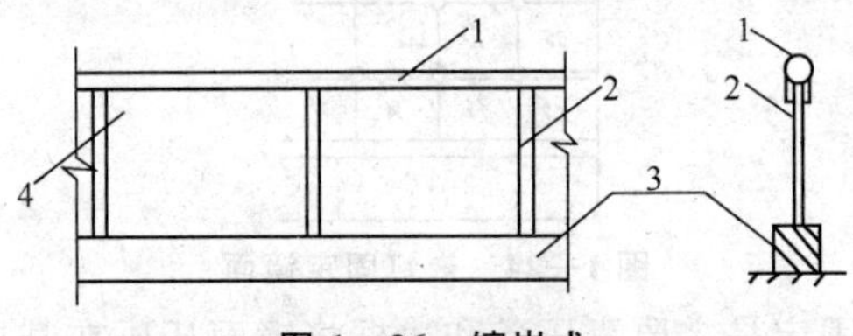

图 1—26　镶嵌式

1—金属扶手；2—金属立柱；3—结构底座；4—玻璃

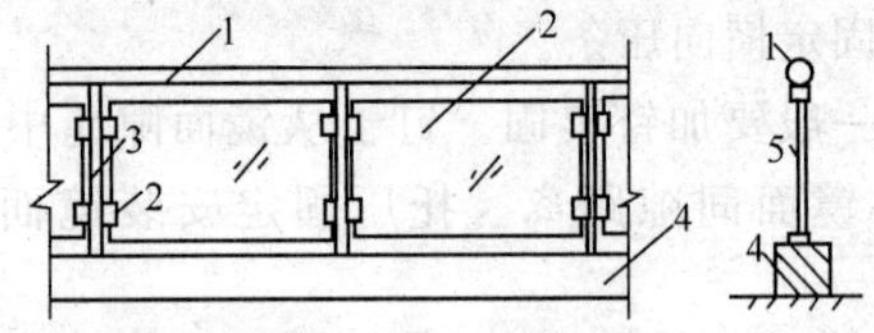

图 1—27　悬挂式

1—金属扶手；2—金属立柱；3—金属夹板；4—结构底座；5—玻璃

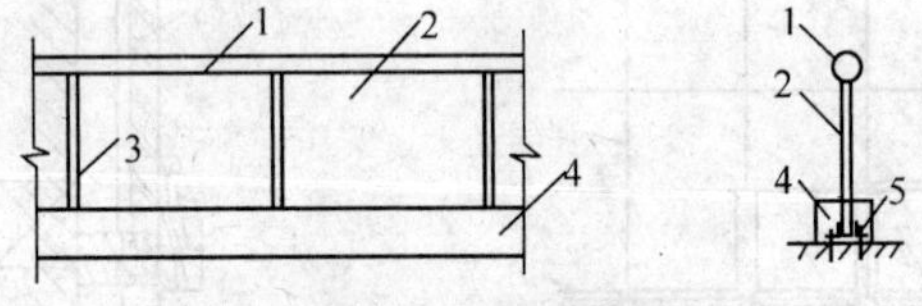

图 1—28　全玻璃式

1—金属扶手；2—玻璃；3—结构硅酮胶；4—结构底座；5—金属嵌固件

(2)安装注意事项如下：

1)必须使用安全玻璃，厚度应符合设计要求。

2)钢化玻璃、夹层玻璃均应在钢化和夹层成型前裁割，要进行磨边、磨角处理。

3)立柱安装要保证垂直度和平行度。玻璃与金属夹板之间应放置薄垫层。

4)镶嵌式与全玻璃式栏板底座和玻璃接缝之间应采用玻璃胶嵌缝处理。

玻璃施工工具及玻璃的种类

(1)玻璃施工手工工具名称及用途见表1—37。

表1—37 玻璃施工手工工具名称及用途

工具名称	用 途
玻璃刀	用于平板玻璃的切割
木 尺	切割平板玻璃时使用
刻度尺、卷尺、折尺、直尺、测定窗内净尺寸的刻度尺、角尺(曲尺)尺量规	施工中为了划分尺寸和切割玻璃时确定尺寸用
腻子刀(油灰刀)又名刮刀 可分为大小号	木门窗施工时填塞油灰用
螺钉刀 分为手动式和电动式两种	固定螺钉的拧紧和卸下时使用,特别是铝合金窗的装配,采用电动式较好
钳子,端头部分是尖头和鸟嘴状	主要是5 mm以上厚度玻璃的裁剪和推拉门滑轮的镶嵌使用
油灰锤	木门窗油灰施工时,敲入固定玻璃的三角钉时使用
挑腻刀	带油灰的玻璃修补时铲除油灰用
铁锤,有大圆形的和小圆形的(微型锤)两种	大锤和一般锤的使用相同。小锤主要用于厚板切断时扩展“竖缝”用
装修施工锤,有合成橡胶、塑料、木制的几种	铝合金窗部件等的安装和分解使用
密封枪(嵌缝枪),有把包装筒放进去用的和嵌缝材料装进枪里用的两种	大、小规模密封作业用
嵌锁条器	插入衬垫的卡条时使用
钳(剪钳)	切断沟槽、卷边、衬垫的卡条等时使用

(2)普通平板玻璃。

凡用石英砂岩、钾长石、硅砂、纯碱、芒硝等原料按一定比例配制，经熔窑高温熔融，通过垂直引上或平拉、延压等方法生产出来的无色、透明平板玻璃统称为普通平板玻璃，亦称白片玻璃或净片玻璃。

普通平板玻璃价格比较便宜，建筑工程上主要用做门窗玻璃和其他最普通的采光和装饰设备。但此种玻璃韧性差，透过紫外线能力差，在温度和水蒸气的长期作用下，玻璃的碱性硅酸盐能缓慢进行水化和水解作用，即所谓的玻璃“发霉”。

普通平板玻璃按厚度分为2 mm、3 mm、4 mm、5 mm、6 mm五类，按外观质量分为特选品、一等品和二等品三类。

(3)压花玻璃。

压花玻璃又称花纹玻璃或滚花玻璃，系用压延法生产玻璃时，在压延机的下压辊面上刻以花纹，当熔融玻璃液流经压辊时即被压延而成。

(4)浮法玻璃。

浮法玻璃实际上也是一种平板玻璃，是由玻璃液浮在金属液上成型的“浮法”制成，故而称为“浮法玻璃”。

浮法工艺具有产量高，整个生产线可以实现自动化，玻璃表面特别平整光滑、厚度非常均匀、光学畸变很小等特点。产品质量高，适用于高级建筑门窗、橱窗、夹层玻璃原片、指挥塔窗、中空玻璃原片、制镜玻璃、有机玻璃模具，以及汽车、火车、船舶的风窗玻璃等。

压花玻璃的表面压有深浅不同的花纹图案。由于表面凹凸不平，所以当光线通过玻璃时即产生漫射，因此从玻璃的一面看另一面的物体时，物像就模糊不清，造成了这种玻璃透光不透明的特点。另外，由于压花玻璃表面具有各种花纹图案，又可有各种颜色，因此这种玻璃又具有良好的艺术装饰效果。该玻璃适用于会议室、办公室、厨房、卫生间以及公共场所分隔室等的门窗和隔断等处。

还有用真空镀膜方法加工的真空镀膜压花玻璃和采用有机金属化合物和无机金属化合物进行热喷涂而成的彩色膜压花玻璃。后者其彩色膜的色泽、坚固性、稳定性均较其他玻璃要好，花纹图案的立体感也比一般的压花玻璃和彩色玻璃更强，并且具有较好的热反射能力，装饰效果佳，是各种公共设施如宾馆、饭店、餐厅、酒吧、浴池、游泳池、卫生间等的内部装饰和分隔的好材料。

(5)喷砂玻璃。

喷砂玻璃系用普通平板玻璃，以压缩空气将细砂喷至玻璃表面研磨加工而成。

这种玻璃由于表面粗糙，光线通过后会产生漫射，所以它们具有透光不透视的特点，并能使室内光线柔和而避免眩光。主要用于需要透光不透视的门窗、隔断、浴室、卫生间及玻璃黑板、灯罩等。

(6)镀膜玻璃。

1)镀膜玻璃种类。

镀膜玻璃有热反射镀膜玻璃、低辐射膜镀膜玻璃、导电膜镀膜玻璃、镜面膜镀膜玻璃四种。由于这种玻璃具有热反射、低辐射、镜面等多种特性，是一种新型的节能装饰材料，被广泛用作幕墙玻璃、门窗玻璃、建筑装饰玻璃和家具玻璃等。

2)热反射膜镀膜玻璃。

热反射膜镀膜玻璃又称“阳光控制膜玻璃”或“遮阳玻璃”，它具有较高的热反射能力而又有良好的透光性。其性能特点及适用范围见表1—38。

表1—38　热反射膜镀膜玻璃的性能特点及适用范围

项　目		内　容
性能特点	节能性	这种玻璃对太阳辐射热有较高的反应能力(普通平板玻璃的辐射热反射率为7%～8%，热反射膜镀膜玻璃则可达30%以上)，可把大部分太阳热反射掉。若用做幕墙玻璃或门窗玻璃，则可减少进入室内的热量，节约空调能耗及空调费用

续上表

项目		内容
性能特点	镜面效应及单向透视性	热反射膜镀膜玻璃具有一种镜面效应及单向透视特性。如以这种玻璃作幕墙，可使整个建筑物如水晶宫一样闪闪发光，从室内向外眺望，可以看到室外景象，而从室外向室内观望，则只能看到一片镜面，对室内景物看不见
	控光性	热反射膜镀膜玻璃可有不同的透光率，使用者可根据需要选用一定透光度的玻璃来调节室内的可见光量，以获得室内要求的光照强度，达到光线柔和、舒适的目的
适用范围		(1)适用于温、热带气候区。 (2)适于作幕墙玻璃、门窗玻璃、建筑装饰玻璃和家具玻璃等。 (3)利用热反射膜镀膜玻璃的控光特性，可用以代替窗帘。 (4)可用做中空玻璃、夹层玻璃、钢化玻璃、镜片玻璃之原片

3)低辐射膜镀膜玻璃。

低辐射膜镀膜玻璃亦称吸热玻璃或茶色玻璃，它能吸收大量红外线辐射热能而又保持良好的可见光透过率，其特点及适用范围见表1—39。

表1—39　低辐射膜镀膜玻璃的特点及适用范围

项目		内容
特点	保温、节能性	低辐射膜镀膜玻璃一般能通过80%的太阳光，辐射能进入室内被室内物体吸收，进入后的太阳辐射热有90%的远红外热能仍保留在室内，从而降低室内采暖能源及空调能源消耗，故用于寒冷地区具有保温、节能效果。这种玻璃的热传输系数小于1.6 W/(m^2·K)
	保持物件不褪色性	低辐射膜镀膜玻璃能阻挡紫外光，如用做门窗玻璃，可防止室内陈设、家具、挂画等受紫外线影响而褪色
	防眩光性	低辐射膜镀膜玻璃能吸收部分可见光线，故具有防眩光作用
适用范围		这种玻璃适用于寒冷地区做门窗玻璃、橱窗玻璃、博物馆及展览馆窗用玻璃、防眩光玻璃，另外可用做中空玻璃、钢化玻璃、夹层玻璃的原片

(7)钢化玻璃。

钢化玻璃是安全玻璃的一种。钢化玻璃具有弹性好、抗冲击强度高(是普通平板玻璃的4～5倍)、抗弯强度高(是普通平板玻璃的3倍左右)、热稳定性好以及光洁、透明等特点,而且在遇超强冲击破坏时,碎块呈分散细小颗粒状,无尖锐棱角,因此不致伤人。

钢化玻璃可以薄代厚,减轻建筑物的重量,延长玻璃的使用寿命,满足现代化建筑结构轻体、高强的要求,适用于建筑门窗、玻璃幕墙等。

钢化玻璃不能裁切,所以订购时尺寸一定要准确,以免造成损失。

(8)夹层玻璃。

夹层玻璃是安全玻璃的一种,系以两片或两片以上的普通平板、磨光、浮法、钢化、吸热或其他玻璃作为原片,中间夹以透明塑料衬片,经热压黏合而成。夹层玻璃的衬片多用聚乙烯缩丁醛等塑料材料,介于玻璃之间或玻璃与塑料材料之间起黏结和隔离作用的材料,使夹层玻璃具有抗冲击、阳光控制、隔声等性能。

这种玻璃受剧烈震动或撞击时,由于衬片的黏合作用,玻璃仅呈现裂纹,不落碎片。它具有防弹、防震、防爆性能,除适用于高层建筑的幕墙、门窗外,还适用于工业厂房门窗、高压设备观察窗、飞机和汽车挡风窗及防弹车辆、水下工程、动物园猛兽展窗、银行等处。

(9)中空玻璃。

中空玻璃系以同尺寸的两片或多片普通平板玻璃或透明浮法玻璃、彩色玻璃、镀膜玻璃、压花玻璃、磨光玻璃、夹丝玻璃、钢化玻璃等,其周边用间隔框分开,并用密封胶密封,使玻璃层间形成有干燥气体空间的产品,产品有双层和多层之分。

中空玻璃(图 1—29)具有优良的保温、隔热、控光、隔声性能,如在玻璃与玻璃之间充以各种漫射光材料或介质等,则可获得更好的声控、光控、隔热等效果。

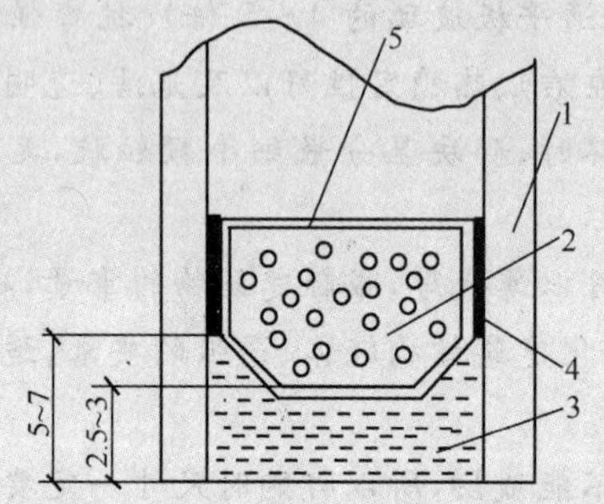

图 1—29　中空玻璃示意图(单位:mm)

1—玻璃;2—干燥剂;3—外层密封胶;4—内层密封胶;5—间隔框

中空玻璃除主要用于建筑物门窗、幕墙外,还可用于采光顶棚、花棚温室、冰箱门、细菌培养箱、防辐射透视窗以及车船挡风玻璃等处,在寒冷地区使用,尤为适宜。

【技能要点 5】玻璃搬运和存放

1. 玻璃的搬运要求

(1)装运成箱玻璃要将箱盖朝上,直立紧靠不能相互碰撞,如有间隙应以软物垫实或者用木条连接打牢。

(2)长途运输要做好防雨措施,以防玻璃黏结;短途搬运要用抬杆抬运,不可多人抬角搬运。

(3)装卸或堆放玻璃应轻抬轻放,不能随手溜滑,防止振动和倒塌。

(4)玻璃运输和搬运,应保持道路通畅,没有脚手架或其他障碍物。搬运过程中不要突然停步或向后转动,以防碰及后面的人。

2. 玻璃存放及保管

玻璃如不能正确存放则最容易破裂,受潮、雨淋后会发生粘连现象,会造成玻璃的大量损伤。为此,玻璃的存放及保管必须遵守以下规定:

(1)放置玻璃时应按规格和等级分别堆放,避免混淆,大号玻璃必须填上两根木方。

(2)玻璃不能平躺储存,应靠紧立放,立放玻璃应与地面水平成 70°夹角。玻璃不能歪斜储存,也不得受其自身的重压。各堆之间应留出通道以搬运,堆垛木箱的四角应用木条固定牢。

(3)储存环境应保持干燥,木箱的底部应垫高 10 cm,防止受潮。

(4)玻璃不可露天存放。如必须存放于露天,日期不宜过长,且下面要垫高,离地应保持在 20～30 cm,上面用苫布盖好,以防雨淋。

第二章　裱糊和软包工程施工技术

第一节　裱糊工程施工

【技能要点1】一般规定

(1)裱糊的基层表面的质量应符合现行规范及抹灰工程、隔断工程、吊顶工程的有关规定。

(2)对于遮盖力低的壁纸、墙布,基层表面颜色应一致。

(3)裱糊前,应检查基层刮的腻子,是否坚实牢固,不得粉化起皮和裂缝,应将突出基层表面的设备或附件拆下。

(4)施工过程中和干燥前,应防止穿堂风劲吹和温度的突然变化。

(5)进场材料合格证应齐全,并应做好复验。

【技能要点2】材料要求

(1)石膏粉、钛白粉、滑石粉、聚酯酸乙烯乳液、梭甲基纤维素、108胶及各种型号的壁纸、胶黏剂等材料符合设计要求和国家标准。

(2)壁纸:为保证裱糊质量,各种壁纸、墙布的质量应符合设计要求和相应的国家标准。

(3)胶黏剂、嵌缝腻子、玻璃网格布等,应根据设计和基层的实际需要提前备齐。但胶黏剂应满足建筑物的防火要求,避免在高温下因胶黏剂失去黏结力使壁纸脱落而引起火灾。

壁纸的种类

1. 常用的壁纸分类

常用的壁纸分类,见表2—1。

表2—1　常用的壁纸分类

分类方法	分类内容
按外观装饰效果分	有印花壁纸、压花壁纸、浮雕壁纸等

续上表

分类方法	分类内容
按施工方法分	有现场涂胶粘贴的壁纸和背面有预涂胶可直接铺贴的壁纸
按所用材料分	看壁料壁纸、织物复合壁纸、天然材料面壁纸、金属壁纸、复合纸质壁纸

2. 塑料壁纸

塑料壁纸的分类及说明，见表 2—2。

表 2—2　塑料壁纸的分类及说明

类别	品　种	说　明	特点及适用范围
普通壁纸	单色轧花壁纸	系以 80 g/m^2 纸为基层，涂以 100 g/m^2 聚氯乙烯糊状树脂为面层，经凸版轮转轧花机压花而成	可加工成仿丝绸、织锦缎等多种花色，但底色、花色均为同一单色。此品种价格低，适用于一般建筑及住宅
	印花轧花壁纸	基层、面层同上，系经多套色凹版轮转印刷机印花后再轧花而成	壁纸上可压成布纹、隐条纹、凹凸花纹等，并印各种色彩图案，形成双重花纹，适用于一般建筑及住宅
	有光印花壁纸	基层、面层同上，系在由抛光辊轧光的表面上印花而成	表面光洁明亮，花纹图案美观大方，用途同印花轧花壁纸
	平光印花壁纸	基层、面层同上，系在由消光辊轧平的表面上印花而成	表面平整柔和。质感舒适，用途同印花轧花壁纸
发泡壁纸	高发泡轧花壁纸	系以 100 g/m^2 的纸为基层，涂以 300～400 g/m^2 掺有发泡剂的聚氯乙烯糊状料，轧花后再加热发泡而成。如采用高发泡率的发泡剂来发泡，即可制成高发泡壁纸	表面呈富有弹性的凹凸花纹，具有立体感强、吸声、图样真、装饰性强等特点。适用于影剧院、居室、会议室及其他须加吸声处理的建筑物的顶棚、内墙面等处

续上表

类别	品 种	说 明	特点及适用范围
发泡壁纸	低发泡印花壁纸	基层、面层同上。在发泡表面上印有各种图案	美观大方，装饰性强。适用于各种建筑物室内墙面及顶棚的饰面
	低发泡印花压花壁纸	基层、面层同上。系采用具有不同抑制发泡作用的油墨先在面层上印花后，再发泡而成	表面具有不同色彩不同种类的花纹图案，人称“化学浮雕”。有木纹、席纹、瓷砖、拼花等多种图案，图样逼真立体感强，且富有弹性，用途同低发泡印花壁纸
	布基阻燃壁纸	采用特制织物为基材，与特殊性能的塑料膜复合，经印刷压花及表面处理等工艺加工而成	图案质感强、装饰效果好，强度高，耐撞击、阻燃性能好、易清洗、施工方便、更换容易，适用于宾馆、饭店、办公室及其他公共场所
	布基阻燃防霉壁纸	系以特别织物为基材，与有阻燃防霉性能的塑料膜复合，经印刷压花及表面处理等工艺加工而成	产品图案质感强、装饰效果好，强度高、耐撞击、易清洗、阻燃性能和防霉性能好，适用于地下室、潮湿地区及有特殊要求的建筑物等
	防潮壁纸	基层不用一般 80 g/m^2 基纸，而采用不怕水的玻璃纤维毡。面层同一般 PCC 壁纸	这种壁纸有一定的耐水、防潮性能，防霉性可达 0 级；适于在卫生间、厨房、厕所及湿度大的房间内作装饰之用
	抗静电壁纸	系在面层内加以电阻较大的附加料加工而成，从而提高壁纸的抗静电能力	表面电阻可达 1 kΩ，适于在电子机房及其他需抗静电的建筑物的顶棚、墙面等处使用
	彩砂壁纸	系在壁纸基材上撒以彩色石英砂等，再喷涂胶黏剂加工而成	表面似彩砂涂料，质感强。适用于柱面、门厅、走廊等的局部装饰
	其他特种壁纸	吸声壁纸、灭菌壁纸、香味壁纸，防辐射壁纸等	—

3. 织物复合壁纸

织物复合壁纸的产品名称及规格，见表2—3。

表2—3　织物复合壁纸的产品名称及规格

产品名称	说　明	规格(mm)
棉砂壁纸	系以优质纸为基材，与棉纱粘合后，经多色套印而成。产品透气性好，无毒无气味，抗静电、隔热、保温、音响效果好，有多种型号和花色	530×10 000
棉纱线壁纸	系以纯棉纱线或化学纤维纱线经工艺胶压而成。产品无毒、无味、吸湿、保暖，透气性好，色彩古朴幽雅，反射光线柔和，线条感强烈	914×5 486 914×7 315
花色线壁线	为花色线复合型产品，有多种款式	914×73 000
天然织物壁纸系列	以天然的棉花、纱、丝、羊毛等纺织类产品为表层制成。产品不宜在潮湿场所采用	(530×10 050)/卷 (914×10 050)/卷
纺织艺术墙纸	系以天然纤维制成各种色泽、花式的粗细不一的纱线，经特殊工艺处理及巧妙艺术编排，复合于底板绉纸上加工而成。产品无毒、无害、吸声、无反光，透气性能较好	—
织物壁纸	—	914×5 500×1.0 914×7 320×1.0
纱线壁纸	产品采用国外先进技术，以棉纱、棉麻等天然织物，经多种工艺加工处理与基纸贴合而成。有印花、压花两大系列共近百个花色品种，具有无毒、无害、无污染、防潮，防晒、阻燃等优点。 产品有表面纱线稀疏型、表面彩色印花型、表面压花型	(900×10 000)/卷 (530×10 000)/卷
高级壁绒	系以高级绒毛为面料制成。产品外观高雅华贵，质感细腻柔软，并具有优良的阻燃、吸声、溶光性，中间有防水层，可防潮、防霉、防蛀	530×10

4. 天然材料面壁纸

天然材料面壁纸的产品名称、规格，见表2—4。

表 2—4　天然材料面壁纸的产品名称及规格

产品名称	花色品种	规格(mm)
天然纤维墙纸	系以天然植物的茎条经手工编织加工而成 细葛皮(55～60 根) 粗葛皮(28～32 根) 粗熟麻(28～32 根) 细熟麻(50～55 根) 剑麻(65～70 根) 三角草(22～24 根)	914×7 315 914×5 486
草编墙纸	多种花色品种	914×7 315 914×5 486
天然草编壁纸系列	用麻、草、竹、藤等自然材料,结合传统的手工编制工艺制成。产品不适用于卫生间等潮湿的地方	多种规格

5. 金属壁纸

金属壁纸系以纸为基材,再粘贴一层电化金属箔,经过压合、印花而成。

它无毒、无气味、无静电、耐湿耐晒、可擦洗、不褪色,适用于高级宾馆、酒楼、饭店、咖啡厅、舞厅等处的墙面、柱面和顶棚面的装饰。

6. 复合纸质壁纸

复合纸质壁纸系将表纸和底纸双层纸施胶、层压、复合在一起,再经印刷、压花、表面涂胶而制成,是当前流行的品种。

这种壁纸又可分为印花与压花同步型和不同步型两类,相比之下,印花与压花同步型的壁纸立体感强,图案层次鲜明,色彩过渡自然,装饰效果可与 PVC 发泡印花压花壁纸相媲美,而且这种壁纸的色彩比 PVC 壁纸更为丰富,透气性也优于发泡壁纸,且不产生任何异味,价格也较便宜。

纸质壁纸主要的缺点是防污性差,且耐擦洗性不如 PVC 壁纸,因而不宜用于人流量大、易污染的场所。

7. 防火阻燃型壁纸

防火阻燃型壁纸系采用特制织物或防火底纸为基材与有防火阻燃性能的面层复合，经印刷压花及表面处理等工艺加工而成。产品适用于饭店、办公大楼、百货商场、政府机构、银行、医院等场所以及需注意公共安全之场所，如证券公司、展览馆、会议中心、礼堂等。

同时具有防霉、抗静电性能的防火阻燃型壁纸，又可用于地下室、潮湿地区、计算机房、仪表房等有防火、防雷、抗静电等特殊要求的房间和建筑物。

8. 壁纸的选用

选用壁纸时，应根据装修设计的要求，细心体会和理解建筑师的意图。如个人为自己的居室装饰选用壁纸，则要充分考虑装修房间的用途、大小、光线、家具的式样与色调等因素，力图使选择的壁纸花色，图案与建筑的环境和格调协调一致。

一般说来，老年人使用的房间宜选用偏蓝偏绿的冷色系壁纸，图案花纹也应细巧雅致；儿童用房其壁纸颜色宜鲜艳一些，花纹图案也应活泼生动一些；青年人的住房应配以新颖别致、富有欢快软轻之感的图案。空间小的房间，要选择小巧图案的壁纸；房间偏暗，用浅暖色调壁纸易取得较好的装饰效果。客厅用的壁纸应高雅大方，而卧室则宜选用柔和而有暖感的壁纸。

【技能要点3】裱糊顶棚壁纸

1. 基层处理

清理混凝土顶面，满刮腻子：首先将混凝土顶上的灰渣、浆点、污物等清刮干净，并用笤帚将粉尘扫净，满刮腻子一道。腻子的体积配合比为聚醋酸乙烯乳液1，石膏或滑石粉5.9，羧甲基纤维素溶液3.5。腻子干后磨砂纸，满刮第二遍腻子，待腻子干后用砂纸磨平、磨光。

2. 吊直、套方、找规矩、弹线

首先应将顶子的对称中心线通过吊直、套方、找规矩的办法弹出,以便从中间向两边对称控制。

墙顶交接处的处理原则:凡有挂镜线的按挂镜线,没有挂镜线则按设计要求弹线。

3. 计算用料、裁纸

根据设计要求决定壁纸的粘贴方向,然后计算用料、裁纸。应按所量尺寸每边留出 2～3 cm 余量,如采用塑料壁纸,应在水槽内先浸泡 2～3 min,拿出后抖除余水,把纸面用净毛巾沾干。

4. 刷胶、糊纸

在纸的背面和顶棚的粘贴部位刷胶,应注意按壁纸宽度刷胶,不宜过宽,铺贴时应从中间开始向两边铺粘。第一张一定要按已弹好的线找直粘牢,应注意纸的两边各甩出 1～2 cm 不压死,以满足与第二张铺粘时的拼花压槎对缝的要求。然后依上法铺粘第二张,两张纸搭接 1～2 cm,用钢板尺比齐,两人将尺按紧,一人用劈纸刀裁切,随即将搭槎处两张纸条撕去,用刮板带胶将缝隙压实刮牢。随后将顶子两端阴角处用钢板尺比齐、拉直,用刮板及辊子压实,最后用湿温毛巾将接缝处辊压出的胶痕擦净,依次进行。

5. 修整

壁纸粘贴完后,应检查是否有空鼓不实之处,接槎是否平顺,有无翘边现象,胶痕是否擦净,有无气泡,表面是否平整,多余的胶是否清擦干净等,直至符合要求为止。

【技能要点 4】裱糊墙面壁纸

1. 基层处理

如混凝土墙面可根据原基层质量的好坏,在清扫干净的墙面上满刮 1～2 道石膏腻子,干后用砂纸磨平、磨光;若为抹灰墙面,可满刮大白腻子 1～2 道找平、磨光,但不可磨破灰皮;石膏板墙用嵌缝腻子将缝堵实堵严,粘贴玻璃网格布或丝绸条、绢条等,然后局部刮腻子补平。

2. 吊垂直、套方、找规矩、弹线

首先应在房间四角的阴阳角通过吊垂直、套方、找规矩,并确定从哪个阴角开始按照壁纸的尺寸进行分块弹线控制(习惯做法是进门左阴角处开始铺贴第一张）。有挂镜线的按挂镜线，没有挂镜线的按设计要求弹线控制。

3. 计算用料、裁纸

按已量好的墙体高度放大 2～3 cm，按此尺寸计算用料、裁纸，一般应在案子上裁割，将裁好的纸用湿温毛巾擦后，折好待用。

4. 刷胶、糊纸

应分别在纸上及墙上刷胶，其刷胶宽度应相吻合，墙上刷胶一次不应过宽。糊纸时从墙的阴角开始铺贴第一张，按已画好的垂直线吊直，并从上往下用手铺平，刮板刮实，并用小辊子将上、下阴角处压实。第一张粘好留 1～2 cm（应拐过阴角约 2 cm），然后粘铺第二张，依同法压平、压实，与第一张搭槎 1～2 cm，要自上而下对缝，拼花要端正，用刮板刮平，用钢板尺在第一、第二张搭槎处切割开，将纸边撕去，边槎处带胶压实，并及时将挤出的胶液用湿温毛巾擦净，然后用同法将接顶、接踢脚的边切割整齐，并带胶压实。墙面上遇有电门、插销盒时，应在其位置上破纸作为标记。在裱糊时，阳角不允许甩槎接缝，阴角处必须裁纸搭缝，不允许整张纸铺贴，避免产生空鼓与皱折。

5. 花纸拼接

(1)纸的拼缝处花形要对接拼搭好。

(2)铺贴前应注意花形及纸的颜色力求一致。

(3)墙与顶壁纸的搭接应根据设计要求而定，一般有挂镜线的房间应以挂镜线为界，无挂镜线的房间则以弹线为准。

(4)花形拼接如出现困难时，错槎应尽量甩到不显眼的阴角处，大面不应出现错槎和花形混乱的现象。

6. 壁纸修整

糊纸后应认真检查，对墙纸的翘边翘角、气泡、皱折及胶痕未擦净等，应修整，使之完善。

7. 冬期施工

(1)冬期施工应在采暖条件下进行，室内操作温度不应低于 5 ℃。

(2)做好门窗缝隙的封闭,并设专人负责测温、排湿、换气,严防寒气进入冻坏成品。

【技能要点5】施工注意事项

(1)操作前检查脚手架和跳板是否搭设牢固,高度是否满足操作要求,合格后才能上架操作,凡不符合安全之处应及时修整。

(2)在两层脚手架上操作时,应尽量避免在同一垂直线上工作。

(3)墙纸裱糊完的房间应及时清理干净,不准做料房或休息室,避免污染和损坏。

(4)在整个裱糊的施工过程中,严禁非操作人员随意触摸墙纸。

(5)电气和其他设备等在进行安装时,应注意保护墙纸,防止污染和损坏。

(6)铺贴壁纸时,必须严格按照规程施工,施工操作时要做到干净利落,边缝要切割整齐,胶痕必须及时清擦干净。

(7)严禁在已裱糊好壁纸的顶、墙上剔眼打洞。若纯属设计变更,也应采取相应的措施,施工时要小心保护,施工后要及时认真修复,以保证壁纸的完整。

(8)二次修补油、浆活及磨石二次清理打蜡时,注意做好壁纸的保护,防止污染、碰撞与损坏。

(9)胶黏剂按壁纸和墙布的品种选配,并应具有防霉、耐久的性能,如有防火要求则胶合剂应具有耐高温不起层性能。

(10)壁纸、墙布必须粘贴牢固,表面色泽一致,不得有气泡、空鼓、裂缝、翘边、皱折、斑污、斜视时无胶痕。

(11)表面平整、无波纹起伏。壁纸、墙布与挂镜线,贴脸板,踢脚板紧接,不得有缝隙。

(12)各幅拼接横平竖直,拼接处花纹、图案吻合,不离缝,不搭接,距墙面1.5 m处正视,不显拼缝。

(13)阴阳角垂直,棱角分明。阴角处搭接顺光,阳角处无接缝。

【技能要点 6】质量标准

1. 主控项目

(1)壁纸、墙布的种类、规格、图案、颜色和燃烧性能等级必须符合设计要求及国家现行标准的有关规定。

检验方法:观察;检查产品合格证书、进场验收记录和性能检测报告。

(2)裱糊工程基层处理质量应符合以下要求。

1)新建筑物的混凝土或抹灰基层墙面在刮腻子前应涂刷抗碱封闭底漆。

2)旧墙面在裱糊前应清除疏松的旧装修层,并涂刷界面剂。

3)混凝土或抹灰基层含水率不得大于 8%;木材基层的含水率不得大于 12%。

4)基层腻子应平整、坚实、牢固,无粉化、起皮和裂缝;腻子的粘结强度应符合《建筑室内用腻子》(JG/T 298－2010)N 型的规定。

5)基层表面平整度、立面垂直度及阴阳角方正应达到高级抹灰的要求。

6)基层表面颜色应一致。

7)裱糊前应用封闭底胶涂刷基层。

检验方法:观察;手摸检查;检查施工记录。

(3)裱糊后各幅拼接应横平竖直,拼接处花纹、图案应吻合,不离缝,不搭接,不显拼缝。

检验方法:观察;拼缝检查距离墙面 1.5 m 处正视。

(4)壁纸、墙布应粘贴牢固,不得有漏贴、补贴、脱层、空鼓和翘边。

检验方法:观察;手摸检查。

2.一般项目

(1)裱糊后的壁纸、墙布表面应平整,色泽一致,不得有波纹起伏、气泡、裂缝、皱折及斑污,斜视时应无胶痕。

检验方法:观察;手摸检查。

(2)复合压花壁纸的压痕及发泡壁纸的发泡层应无损坏。

检验方法:观察。

(3)壁纸、墙布与各种装饰线、设备线盒应交接严密。

检验方法:观察。

(4)壁纸、墙布边缘应平直整齐,不得有纸毛、飞刺。

检验方法:观察。

(5)壁纸、墙布阴角处搭接应顺光,阳角处应无接缝。

检验方法:观察。

裱糊工具的种类

1. 不锈钢或铝合金直尺

不锈钢或铝合金直尺。用于量尺寸和切割壁纸时的压尺,尺的两侧均有刻度,长 80 cm,宽 4 cm,厚 0.3～1 cm。

2. 油漆铲刀

油漆铲刀作清除墙面浮灰,嵌批、填平墙面凹陷部分用。

3. 活动裁纸刀

刀片可伸缩多节、用钝后可截去,使用安全方便。

4. 裱糊操作台案

裱糊操作台案,如图 2—1 所示。

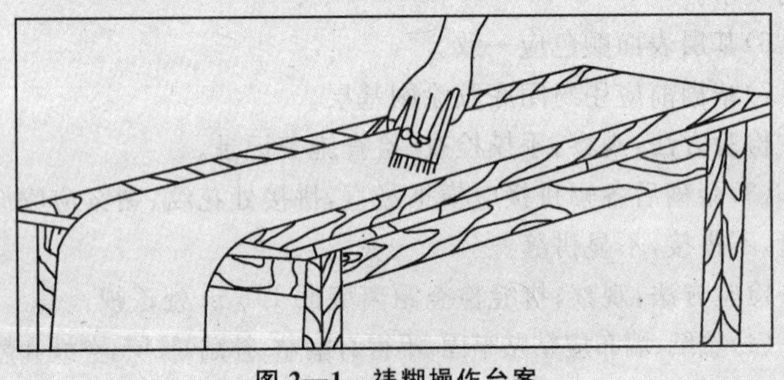

图 2—1 裱糊操作台案

第二节 软包工程技术

【技能要点 1】一般规定

(1)基层表面的质量应符合现行规范及抹灰工程、隔断工程、吊顶工程的有关规定。

(2)对于遮盖力低的壁纸、墙布,基层表面颜色应一致。

(3)施工前,应检查基层刮的腻子,是否坚实牢固,不得粉化起皮和裂缝,应将突出基层表面的设备或附件拆下。

【技能要点2】材料要求

(1)软包墙面木框、龙骨、底板、面板等木材的树种、规格、等级、含水率和防腐处理,必须符合设计图纸要求和《木结构工程施工质量验收规范》(GB 50206—2002)的规定。

(2)软包面料及其他填充材料必须符合设计要求,并应符合建筑内装修设计防火的有关规定。

(3)龙骨料一般用红白松烘干料,含水率不大于12%,厚度应根据设计要求,不得有腐朽、节疤、劈裂、扭曲等疵病,并预先经防腐、防火处理。

(4)面板一般采用胶合板(五合板),厚度不小于3 mm,颜色、花纹要尽量相似。用原木板材作面板时,一般采用烘干的红白松、椴木和水曲柳等硬杂木,含水率不大于12%。其厚度不小于20 mm,且要求纹理顺直、颜色均匀、花纹近似,不得有节疤、扭曲、裂缝、变色等疵病。

(5)外饰面用的压条、分格框料和木贴脸等面料,一般采用工厂加工的半成品烘干料,含水率不大于12%,厚度应符合设计要求且采用外观没毛病的好料;并预行经过防腐处理。

(6)辅料有防潮纸或油毡、乳胶、钉子(钉子长应为面层厚的2～2.5倍)、木螺丝、木砂纸、氟化钠(纯度应在75%以上,不含游离氟化氢,它的黏度应能通过120号筛)或石油沥青(一般采用10号、30号建筑石油沥青)等。

(7)如设计采取轻质隔墙做法时,其基层、面层和其他填充材料必须符合设计要求和配套使用。

(8)罩面材料和做法必须符合设计图纸要求,并符合建筑内装修设计防火的有关规定。

【技能要点3】施工要点

原则上是房间内的地、顶内装修已基本完成,墙面和细木装修底板做完，开始做面层装修时插入软包墙面镶贴装饰和安装工程。

1. 基层或底板处理

凡做软包墙面装饰的房间基层，大都是事先在结构墙上预埋木砖、抹水泥砂浆找平层、刷喷冷底子油、铺贴一毡二油防潮层、安装 50 mm×50 mm 木墙筋（中距为 450 mm）、上铺 5 层胶合板，此基层或底板实际是该房间的标准做法。如采取直接铺贴法，基层必须作认真的处理，方法是先将底板拼缝用油腻子嵌平密实、满刮腻子 1～2 遍，待腻子干燥后用砂纸磨平。粘贴前，在基层表面满刷清油（清漆＋橡胶水）一道。如有填充层，此工序可以简化。

2. 吊直、套方、找规矩、弹线

根据设计图纸要求，把该房间需要软包墙面的装饰尺寸、造型等通过吊直、套方、找规矩、弹线等工序，把实际设计的尺寸与造型落实到墙面上。

3. 计算用料、套裁填充料和面料

首先根据设计图纸的要求，确定软包墙面的具体做法。一般做法有两种，一是直接铺贴法（此法操作比较简便，但对基层或底板的平整度要求较高）；二是预制铺贴镶嵌法，此法有一定的难度，要求必须横平竖直、不得歪斜，尺寸必须准确等。故需要做定位标志以利于对号入座。然后按照设计要求进行用料计算和底材（填充料）、面料套裁工作。要注意同一房间、同一图案与面料必须用同一卷材料和相同部位（含填充料）套裁面料。

4. 粘贴面料

如采取直接铺贴法施工时，应待墙面细木装修基本完成、边框油漆达到交活条件，方可粘贴面料；如果采取预制铺贴镶嵌法，则不受此限制，可事先进行粘贴面料工作。首先按照设计图纸和造型的要求先粘贴填充料（如泡沫塑料、聚苯板或矿棉、木条、五合板等），按设计用料（黏结用胶、钉子、木螺丝、电化铝帽头钉、铜丝等）把填充垫层固定在预制铺贴镶嵌底板上，然后把面料按照定位标志找好横竖坐标上下摆正。再把上部用木条加钉子临时固定，最后把下端和两侧位置找好后，便可按设计要求粘贴面料。

5. 安装贴脸或装饰边线

根据设计选择和加工好的贴脸或装饰边线，应按设计要求先把油漆刷好（达到交活条件），便可把事先预制铺贴镶嵌的装饰板进行安装工作。首先经过试拼达到设计要求和效果后，便可与基层固定和安装贴脸或装饰边线，最后修刷镶边油漆成活。

6. 修整软包墙面

如软包墙面施工安排靠后，其修整软包墙面工作比较简单，如果施工插入较早，由于增加了成品保护膜，则修整工作量较大。例如增加除尘清理、钉粘保护膜的钉眼和胶痕的处理等。

7. 冬期施工

(1)冬期施工应在采暖条件下进行，室内操作温度不应低于5℃，要注意防火工作。

(2)做好门窗缝隙的封闭，并设专人负责测温、排湿、换气，严防寒气进入冻坏成品。

【技能要点4】施工注意事项

(1)对软包面料及填塞料的阻燃性能严格把关，达不到防火要求的，不予使用。

(2)软包布附近尽量避免使用碘钨灯或其他高温照明设备，不得动用明火，避免损坏。

(3)控制电锯、切割机等施工机具产生的噪声、锯末粉尘的排放对周围环境的影响。

(4)控制甲醛等有害气体、油漆、稀料、胶、涂料的气味的排放对周围环境的影响。

(5)严禁随地丢弃废油漆刷、涂料滚筒。

(6)控制油漆、稀料、胶、涂料的运送遗洒，防火、防腐涂料的废弃，废夹板等施工垃圾的排放对周围环境的影响。

(7)软包墙面装饰工程已完的房间应及时清理干净，不准做料房或休息室，避免污染和损坏，应设专人管理（加锁、定期通风换气、排湿）。

(8)在整个软包墙面装饰工程施工过程中，严禁非操作人员随意触摸成品。

(9)严禁在已完软包墙面装饰房间内剔眼打洞。若纯属设计变更,也应采取相应的可靠有效的措施,施工时要小心保护,施工后要及时认真修复,以保证成品完整。

(10)二次修补油、浆活及地面磨石清理打蜡时,要注意保护好成品,防止污染,碰撞和损坏。

(11)软包墙面施工时,各项工序必须严格按照规程施工,操作时做到干净利落,边缝要切割整齐到位,胶痕及时清擦干净。

(12)冬季采暖要有专人看管,严防发生跑水、渗漏水等灾害性事故。

【技能要点5】质量标准

1. 主控项目

(1)软包面料、内衬材料及边框的材质、颜色、图案、燃烧性能等级和木材的含水率应符合设计要求及国家现行标准的有关规定。

检验方法:观察;检查产品合格证书、进场验收记录和性能检测报告。

(2)软包工程的安装位置及构造做法应符合设计要求。

检验方法:观察;尺量检查;检查施工记录。

(3)软包工程的龙骨、衬板、边框应安装牢固,无翘曲,拼缝应平直。

检验方法:观察;手扳检查。

(4)单块软包面料不应有接缝,四周应绷压严密。

检验方法:观察;手摸检查。

2. 一般项目

(1)软包工程表面应平整、洁净,无凹凸不平及皱折;图案应清晰、无色差,整体应协调美观。

检验方法:观察。

(2)软包边框应平整、顺直、接缝吻合。其表面涂饰质量应符合《建筑装饰装修工程质量验收规范》(GB 50210—2001)中第10章的有关规定。

检验方法:观察;手摸检查。

(3)清漆涂饰木制边框的颜色、木纹应协调一致。

检验方法:观察。

(4)软包工程安装的允许偏差和检验方法应符合表 2—5 的规定。

表 2—5　软包工程安装的允许偏差和检验方法

项次	项　目	允许偏差(mm)	检验方法
1	垂直度	3	用 1 m 垂直检测尺检查
2	边框宽度、高度	0 −2	用钢尺检查
3	对角线长度差	3	用钢尺检查
4	裁口、线条接缝高低差	1	用钢直尺和塞尺检查

第三章　涂裱工安全操作规程

第一节　油漆安全操作规程

【技能要点】油漆安全操作技术规程

(1)各种油漆材料(汽油、漆料、稀料)应单独存放在专用库房内,不得与其他材料混放。库房应通风良好。易挥发的汽油、稀料应装入密闭容器中,严禁在库内吸烟和使用任何明火。

(2)油漆涂料的配制应遵守以下规定。

1)调制油漆应在通风良好的房间内进行,调制有害油漆涂料时,应戴好防毒口罩、护目镜,穿好与之相应的个人防护用品。工作完毕应冲洗干净。

2)工作完毕,各种油漆涂料的溶剂桶(箱)要加盖封严。

3)操作人员应进行体检,患有眼病、皮肤病、气管炎、结核病者不宜从事此项作业。

(3)使用人字梯应遵守以下规定。

1)高度 2 m 以下作业(超过 2 m 按规定搭设脚手架)使用人字梯应四脚落地,摆放平稳,梯脚应设防滑橡皮垫和保险拉链。

2)人字梯上搭铺脚手板,脚手板两端搭接长度不得少于20 m。脚手板中间不得同时两人操作,梯子挪动时,作业人员必须下来,严禁在梯子上踩高跷式挪动。人字梯顶部铰轴不准站人、不准铺设脚手板。

3)人字梯应经常检查,发现开裂、腐朽、榫头松动、缺档等不得使用。

(4)使用喷灯应遵守以下规定。

1)使用喷灯前应检查开关及零部位是否完好,喷嘴要畅通。喷灯加油不得超过容量的 4/5。

2)每次打气,不能过足。点火应选择在空旷处,喷嘴不得对人。气筒部分出现故障,应先熄灭喷灯,再行修理。

(5)外墙、外窗、外楼梯等高处作业时,就系好安全带。安全带应高挂低用,挂在牢靠处。对窗户油漆时,严禁站在或骑在窗栏上操作,刷封沿板或水落管时,应利用脚手架或在专用操作平台架上进行。

(6)刷坡度大于25°铁皮层面时,应设置活动跳板、防护栏杆和安全网。

(7)刷耐酸、耐腐蚀的过氧乙烯涂料时,应戴防毒口罩。打磨砂纸时必须戴口罩。

(8)在室内或容器内喷涂,必须保持良好的通风。喷涂时严禁对着喷嘴察看。

(9)空气压缩机压力表和安全阀必须灵敏有效。高压气管各种接头应牢固,修理料斗气管时应关闭气门,试喷时不准对人。

(10)喷涂人员作业时,如头痛、恶心、心闷和心悸等,应停止作业,到户外通风换气。

第二节　玻璃工安全操作规程

【技能要点】玻璃工安全操作技术规程

(1)裁割玻璃应在房间内进行,边角余料要集中堆放,并及时处理。

(2)搬运玻璃时应戴手套或用布、纸垫着玻璃,将手及身体裸露部分隔开。散装玻璃运输必须采用专门夹具(架)。玻璃应直立堆放,不得水平堆放。

(3)安装玻璃所用工具应放入工具袋内,严禁将铁钉含在口内。

(4)安装窗扇玻璃时,严禁上下两层垂直交叉同时作业;安装天窗及高层房屋玻璃时,作业下方严禁走人或停留。碎玻璃不得向下抛掷。

(5)悬空高处作业必须系好安全带,严禁腋下挟住玻璃,另一手扶梯攀登上下。

(6)玻璃幕墙安装应利用外脚手架或吊篮架子从上往下逐层安装;抓拿玻璃时应利用橡皮吸盘。

(7)门窗等安装好的玻璃应平整、牢固、不得松动。安装完毕必须立即将风钩挂好或插上插销。所剩残余玻璃,必须及时清扫,集中堆放到指定地点。

第三节　预防和处理安全事故

【技能要点】预防和处理安全事故的方法

(1)涂料工程施工现场要严格遵守防火制度,严禁火源,通风要良好。涂料库房要远离建筑物,并备有足够的灭火器械。

(2)现场使用汽油、脱漆剂清除旧油漆时,应切断电源,严禁吸烟,周围不得堆积易燃物。

(3)施涂用的脚手架,在施工前要经过安全部门验收,合格后方可上人操作,室内高度超过 3.6 m 以上时,应搭满堂红脚手架或工作台。

(4)在使用火碱水清除旧油漆前,要戴好橡皮手套与防护眼镜并穿防护鞋。

(5)高空和垂直作业施工时,必须戴好安全帽,系好安全带。

(6)在楼房外檐安装玻璃时,要告知下层外檐人员,不准进行门窗或外檐装饰工作,以免玻璃失落伤人。

(7)在可能的情况下,尽量湿度作业,减少灰尘,有石棉粉尘时,须使用呼吸器。

(8)清除大量灰尘时,要使用真空及尘器,不要采用人工刷和扫的方法。